应用伦理学前沿问题工作坊

·第2辑·

主　编　王露璐

副主编　张　燕　陶　涛

江苏人民出版社

图书在版编目(CIP)数据

应用伦理学前沿问题工作坊.第2辑/王露璐主编
.一南京:江苏人民出版社,2023.9
　　ISBN 978 - 7 - 214 - 28321 - 4

　　Ⅰ.①应… Ⅱ.①王… Ⅲ.①伦理学一文集 Ⅳ.
①B82 - 53

中国国家版本馆 CIP 数据核字(2023)第 166299 号

书　　　名	应用伦理学前沿问题工作坊·第 2 辑
主　　　编	王露璐
副 主 编	张　燕　陶　涛
责 任 编 辑	孟　璐
装 帧 设 计	刘　超
责 任 监 制	王　娟
出 版 发 行	江苏人民出版社
地　　　址	南京市湖南路 1 号 A 楼,邮编:210009
照　　　排	江苏凤凰制版有限公司
印　　　刷	江苏凤凰数码印务有限公司
开　　　本	652 毫米×960 毫米　1/16
印　　　张	15.5　插页 1
字　　　数	200 千字
版　　　次	2023 年 9 月第 1 版
印　　　次	2023 年 9 月第 1 次印刷
标 准 书 号	ISBN 978 - 7 - 214 - 28321 - 4
定　　　价	48.00 元

(江苏人民出版社图书凡印装错误可向承印厂调换)

目　录

代前言　问题研究·体系构建·人才培养

——应用伦理的三个维度及其内在关联

王露璐

关于应用伦理的探讨可谓既"久远"又"年轻"。言之"久远"，是因为伦理学从来都是关注实践的，无论古希腊的苏格拉底、柏拉图、亚里士多德还是中国的老子、孔子、孟子，都在探究其所处时代的现实道德问题。言之"年轻"，是因为西方应用伦理研究兴起于20世纪60、70年代，我国的应用伦理学则是在改革开放尤其是20世纪90年代以后，随着经济社会生活发展、变迁速度的加快而日渐成为热点。随着应用伦理研究领域日渐拓展、研究成果不断丰富、研究队伍日益壮大，应用伦理学也成为伦理学学科中发展态势最好的分支。2022年9月13日，国务院学位委员会、教育部印发《研究生教育学科专业目录（2022年）》与《研究生教育学科专业目录管理办法》，"应用伦理"首次作为"哲学"门类下的专业学位出现在目录中。

回顾应用伦理及应用伦理学在西方及我国的产生和发展，不难发现，无论是基于学科发展逻辑还是现实需要，应用伦理的研究都起步于"问题研究"。正如西方学者所形容的那样，20世纪60年代以来，现实社会出现的各种现象和问题使各种应用伦理学子学科的"发展与分化简直比细菌的繁殖还快"[1]。现实热点问题始终是应用伦理研究的重要论题，学者们围绕这些

---

[1]　［美］约瑟夫·P. 德马科、［美］理查德·M. 福克斯编：《现代世界伦理学新趋向》，石毓彬等译，北京：中国青年出版社1990年版，第303页。

问题进行了热烈探讨乃至争论。伴随着大量对应用伦理问题的探讨取得丰硕成果，学者们也日渐认识到，如果仅仅停留于问题研究，而不能在基本概念、研究方法、学科性质等问题上产生共识，应用伦理的研究将陷入学者们"自说自话、各自为政"的局面，或是沦为松散的"应用问题群"。因此，构建较为完善的应用伦理学理论体系和学科体系，既是推动应用伦理研究进一步发展的必要条件，也成为应用伦理研究的重要内容。而"应用伦理"进入研究生教育学科专业目录，意味着应用伦理被纳入研究生教育中，成为研究生人才培养的重要方向。由此，我们应当从问题研究、体系构建和人才培养三个维度，全面理解应用伦理的理论研究、实践面向和未来发展。

一、 根植于问题研究的应用伦理

正如马克思所说，"哲学家们只是用不同的方式解释世界，而问题在于改变世界"①。应用伦理肇始于并根植于问题研究，旨在运用伦理学的专业话语"解释世界"并"改变世界"。20世纪60到70年代，西方伦理学因元伦理学日渐背离人类道德实践而走向式微，与此同时，政治经济制度变化、现代医学及科技发展、公民权利和妇女运动、现代战争等新问题的出现，促使大量哲学家开始关注上述公共问题中的道德冲突，为应用伦理研究的兴起乃至应用伦理学的产生提供了理论和实践契机。20世纪80年代，我国应用伦理的研究从对国外学术成果的追踪、译介开始。随着改革开放和市场经济的发展，社会文化生活领域呈现出价值多元化的趋势，一些道德难题、道德悖论乃至伦理冲突开始在我国出现。例如，经济伦理视域中公平与效率的关系，环境伦理视域中人与自然的关系，科技伦理中"真"与"善"的关系问题，生命伦理中医疗资源的公正分配及克隆人、安乐死等问题，新闻伦理中

① 《马克思恩格斯文集》第1卷，中共中央马克思恩格斯列宁斯大林著作编译局编译，北京：人民出版社2009年版，第506页。

公众知情权和个人隐私权的冲突，等等。传统的道德哲学理论资源无法为上述问题的解决提供有效的方案，需要建构一种更加关注现实、贴近生活的道德理论。由此，我国应用伦理研究日渐兴盛，应用伦理学也应运而生。

无论是出于伦理学自身发展的理论逻辑还是出于解决现实道德难题的实践需要，应用伦理研究的兴起和应用伦理学的产生发展都肇始于并伴随着问题。相较于传统的伦理学理论和道德哲学研究，根植于问题研究的应用伦理在其目标、内容、方法上有其优势与特色。

其一，根植于问题研究的应用伦理，其研究目标更加契合现代社会的多元背景和开放特征。通过对道德问题的研究，为改善人类社会的道德生活、建立公正的社会秩序提供理论支持，是伦理学永恒的学术使命。伦理学要面对和解决其所属时代的道德问题，首先要清晰地把握这一时代的经济、社会、文化背景和特征。20世纪以来，现代化、全球化进程日益加快，关于"现代化""现代性"的探讨也成为学术界的关注热点。尽管基于不同进路和资源的研究对上述问题有着不同的阐释，但是，相较于传统社会的稳定性和封闭性，现代社会的多元、易变、开放特征已成为共识性判断。马克思、恩格斯将"永远的不安定和变动"作为资产阶级时代与过去一切时代的不同之处；马歇尔·伯曼（Marshall Berman）以"一切坚固的东西都烟消云散了"①作为书名，表达其对现代性的理解；列奥·施特劳斯（Leo Strauss）则认为，"现代性最具特色的东西便是其多种多样以及其中的剧变频仍"②。应当看到，包括伦理学史、元伦理学、规范伦理学在内的传统伦理学研究，侧重于对人类社会道德学说、道德语词和道德准则进行理论概括和分析，以实现某种普遍（甚至绝对）的道德真理体系为目标。然而，现代社

① 参见［美］马歇尔·伯曼：《一切坚固的东西都烟消云散了——现代性体验》，徐大建、张辑译，北京：商务印书馆2003年版。
② ［美］利奥·施特劳斯：《现代性的三次浪潮》，丁耘译，载汪民安、陈永国、张云鹏主编《现代性基本读本》（上），开封：河南大学出版社2005年版，第158页。

会的多元背景和开放特征，使得对同一问题的探讨有着更差异化的道德立场，传统伦理学的分析很难提供有效的答案，其研究目标的实现面临着巨大的挑战，甚至成为"不可能完成的任务"。相反，根植于问题研究的应用伦理，肇始于问题并始终以问题为目标，能够容纳多元化讨论维度、差异性理论资源和开放性对话平台，与现代社会的多元化、开放性特征更为契合，其研究目标的实现也有着更加坚实的现实基础。

其二，根植于问题研究的应用伦理，其研究内容更能面对不断出现的道德冲突与道德难题。伦理学从来都是面向实践的，"以实践性为显著特征的伦理学，不是一成不变的思想理论体系，而是在时代生活实践的变化中发现新问题、回答新问题，以创新姿态适应时代需要的实践哲学"[1]。但是，传统伦理学的理论和方法资源，往往导致对"问题"的关注和阐释不是源自当下的鲜活实践，而是来自虚拟的或设计出的"思想实验"。诚然，一些经典的思想实验有助于厘清道德冲突、道德判断与道德选择中存在的两难境遇，并能在此基础上进行逻辑推理和分析。但是，我们仍应看到，通过臆想或设计的"实验""案例"推导出的道德原则和规范，往往无法适用于道德生活的真实境况，甚至还可能陷入与现实或常识相悖的困窘局面。正如前文述及，应用伦理研究在西方和中国的形成和发展，都始终立足于现实中不断呈现的道德问题，直接面向与人类生活密切相关的道德冲突和道德难题。也正是因为这些冲突与难题源自实践且具有紧迫性，急需针对其给出有说服力的理论阐释和有操作性的解决方案，因此，根植于问题研究的应用伦理更加贴近生活，能够更好地帮助人们解决道德难题，其研究内容的不断拓展和创新，真正体现了伦理学的实践面向。

其三，根植于问题研究的应用伦理，其研究方法更为凸显理论与实践结

---

[1] 孙春晨：《作答时代的伦理之问》，《道德与文明》2022年第5期。

合的方法论原则。尽管"理论联系实际"的学风与方法已成共识，伦理学研究也一直强调理论与实践的结合，但两者间结合的真正实现并非易事。不同于传统道德哲学"自上而下"的视角，应用伦理研究始终与现实生活世界的道德问题密切相关，其研究视角是"自下而上"的。在研究方法上，应用伦理不仅要使用一般的哲学方法，还要研究、借鉴和使用包括社会学、人类学、心理学等众多学科的研究方法。换言之，应用伦理研究将传统伦理学"自上而下"的、从理论出发的严密逻辑推演和论证，与基于道德生活经验的、"自下而上"的研究方法相结合，既坚持源自实践、走向实践的基本立场，从而真实还原道德现象和问题，又通过逻辑推演和学理论证，从琐碎平凡的道德现象与问题中提炼出具有普适价值的理论范式。由此，应用伦理研究既不是停留在对现象与问题的表层描述，也不是简单套用伦理学的基本理论，而是在其方法层面更能打破理论与应用间的隔阂或"两张皮"状态，避免其研究内容和方法呈现一种"理论＋应用"的"拼盘式"对接。

20世纪60年代以来，不断出现的各种道德疑难问题，使应用伦理研究的触角不断延伸，"问题域"不断扩展。回顾我国应用伦理研究的发展历程，也不难发现，对一些现实热点问题的热烈探讨甚至激烈争论，对应用伦理乃至整个伦理学学科的发展起到了极大的推进作用。例如，"走出还是走入人类中心主义""人类是否需要敬畏自然"的大讨论，引起学界乃至整个社会对环境伦理问题的极大关注；"经济学（家）是否应当讲道德""公平优先还是效率优先""道德能否成为资本""企业应当承担何种社会责任"等问题，成为经济学家、伦理学家、企业家及社会公众共同关注的经济伦理焦点问题；"安乐死是否合乎伦理""克隆人是不是一个不可逾越的伦理禁区"等生命伦理论题，敏锐地捕捉到了现代生物学、医学和人类健康领域的前沿问题。这些引起争论的焦点问题，与我国改革开放进程中经济发展、环境保护、公共健康、人的全面发展等热点问题相伴相生，凸显了学者们强烈的

"问题意识"和学术责任感、使命感。

然而，我们也应看到，根植于问题研究的应用伦理在其产生和发展中也存在一定的局限性。毋庸置疑，应用伦理研究源于"问题"，"问题研究"也必然在应用伦理研究的起步阶段取得优势地位。但是，不断出现的道德问题，也使得应用伦理研究在快速繁殖和扩张中呈现出明显的"碎片化"倾向，应用伦理学的学科分支快速增加，不仅出现了经济伦理学、生命伦理学、环境伦理学、政治伦理学、科技伦理学、教育伦理学、法律伦理学等学科分支，性伦理学、体育伦理学、网络伦理学、军事伦理学、新闻伦理学、基因伦理学、旅游伦理学、音乐伦理学、翻译伦理学等也纷纷涌现。学科分支的增加固然能够反映学科繁荣的基本态势，但过快的繁殖速度亦会造成研究内容、方法和话语的混乱，对学科发展的生态产生消极影响。换言之，根植于问题研究的应用伦理可谓"兴也问题，窘也问题"。关于问题的探讨和争论，无疑能够将应用伦理研究引向深入，引发更多学者关注并进入这一领域。但是，如果不能形成关于应用伦理的理论体系和学术话语的基本共识，不断出现的应用伦理问题研究，就会成为"看起来很热闹"，实际上却"松散、缺乏严密逻辑结构的'应用问题群'"①，相关问题的研究也只是不同学者的观点呈现或表态，不仅无法形成共识，甚至无法形成基本的学术讨论态势。尤其在一些涉及多学科交叉的前沿问题研究中，不同学科背景的学者们有着截然不同的学术话语，极易造成"伦理＋应用"或"伦理＋（另一学科）"的分割式理解或叠加式分析。

二、 强化体系构建的应用伦理

从一定意义上说，强化体系构建的应用伦理，正是针对根植于问题研究

---

① 孙慕义：《质疑应用伦理学》，《湖南师范大学社会科学学报》2006年第4期。

的应用伦理在其发展中的局限而提出的。在我国应用伦理研究的发展过程中，尤其是在起步阶段，"问题研究"应当先于"体系构建"。但是，应用伦理起步于问题研究而不是止步于问题研究，无论从学科发展逻辑还是从现实发展需要来看，应用伦理问题研究的不断拓展，必然同时也带来相关问题在学科、学理层面理论探讨的日渐深入，在此基础上，构建较为完善的理论体系和学科体系，既是可能的，更是必要的。

相较于对具体现实问题的热切关注，应用伦理对于自身基础性理论问题和学科发展问题的关注度仍显不足。有学者认为，"应用伦理学当前的现状是，在其分支学科领域里所取得的研究成果远远超过了人们对作为一个总体的应用伦理学之学科性质与地位的思考、总结与探索"[①]。对一些基本理论问题缺乏共识，导致应用伦理研究缺乏共同的学科和理论基础。现实领域问题的多样性与异质性导致了应用伦理研究的复杂性，但这恰恰需要我们通过体系构建来形成某种贯穿所有应用伦理研究以及应用伦理学分支的"一根红线"，这样才能为应用伦理学理论体系和学科体系的建构提供更为坚实的道德哲学基础。但是，总体而言，当下应用伦理学的发展及其成果偏向于对当代经济社会发展与技术进步催生的新兴问题的研究，而应用伦理学学科的自我反思与理论建构相对薄弱。强化体系构建的应用伦理，正是要通过对理论体系和学科体系的进一步完善和对上述不足的加强弥补来实现。

一方面，强化体系构建的应用伦理，以对应用伦理学基本理论问题的探讨为核心内容，主要集中在对应用伦理学学科性质、学术目标、理论资源和方法的讨论，即"应用伦理学是什么""应用伦理学应用于什么"和"应用伦理学应用些什么"三个方面。

关于应用伦理学的学科性质，尽管有学者对其学科独立性提出一定质

---

① 甘绍平：《应用伦理学前沿问题研究》，南昌：江西人民出版社2002年版，第2页。

疑，但总体上看，大部分学者对应用伦理学作为伦理学新分支的独立性持肯定态度。"应用伦理学的意义不是应用的伦理学，而是被应用于现实的伦理学的总和；它的意义不是相对于伦理学一般或道德哲学而言的，而是相对于现在已经不能被应用于现实的传统伦理学而言的"，因此，"应用伦理学是伦理学的当代形态"。①这一观点得到了众多学者的认同。学者们普遍认为，理论伦理学与应用伦理学在研究对象、研究主旨和研究重点上均有实质性不同，应当以两者的差异作为切入点建构应用伦理学的理论体系。关于应用伦理学探究的"问题域"及试图达到的学术目标，学者们总体上形成了基本共识，即：应用伦理学应当以当前社会中的各种道德现象尤其是道德难题作为自己的研究主题。应用伦理学应当被视作一种面向现实道德困境的知识体系，它可以涉及人类生活的众多领域，但不应成为无所不包的研究。关于应用伦理学可以应用的理论资源与方法，学者们提出了"程序共识论""基本价值论""融贯论"等不同的观点。"程序共识论"强调以"经商谈程序而达成道德共识"来概括应用伦理学的本质特征，认为应用伦理学与规范伦理学的本质区别在于它不追求绝对的、具有普适性的道德真理体系，而仅仅是期望对不同立场的观点作出调和。因此，在方法论上，应用伦理学依靠的不是直接将伦理学原理、观点应用于现实道德难题或道德悖论的"工程模式"，而是通过一定的程序在先前与现实道德事件的比较权衡中解决道德困境、作出道德决策的"判例模式"，不偏不倚的中立性原则是其本质特征。"基本价值论"主张以某种基本价值观来概括应用伦理学本质特征，认为应用伦理学最重要的任务不在于达成道德共识而在于改变共识，需要的方法不是理性商谈而是双向反思。"融贯论"主张应用伦理学既要向他人提供理论资源来促使他们改变道德信念，也要通过改变法律或社会风俗来对现实

---

① 赵敦华：《道德哲学的应用伦理学转向》，《江海学刊》2002年第4期。

生活产生影响。①另一方面，强化体系构建的应用伦理，以应用伦理学内部和外部的交叉融合为主要方法，关注并不断完善应用伦理学的学科体系和研究方法。应用伦理学在其发展过程中已然形成了涵盖多门分支学科的、较为庞杂的学科群，在学科不断延伸拓展的同时，需要进一步理顺应用伦理学内部各分支之间的关系，以及应用伦理学与其他学科的关系。

在学科内部关系上，伴随着知识专业化的加深和问题指向性的窄化，应用伦理学各分支学科出现了不断分化的趋势。针对应用伦理学某一分支道德问题的探讨得出的结论，往往难以运用到其他分支学科，甚至会出现截然相反的论断。例如，生命伦理和法律伦理基于不同的道德原则在"安乐死"问题上可能产生截然不同的判断。由此，各个分支学科鲜有沟通和交流，几乎处于相互隔绝的状态，人们对不同分支提供的解释或答案感到茫然和无所适从。与此同时，每个具体学科都能不同程度地挖掘其道德理论资源，新的应用伦理学分支便随着某一具体领域道德问题的出现而迅速产生。一些学者不关心应用伦理学理论的整体建构，而仅仅专注于自己的具体研究领域，这也使得应用伦理学在构建学科知识体系时难以形成应有的整体性与一致性。

在应用伦理学与其他学科的关系上，应用伦理学关注的道德冲突和疑难问题往往具有更加复杂的学科背景和专业要求，单一的学科视角无法给出充分的解释和说明。因此，多学科的交叉融合成为应用伦理学研究的基本视角和方法。应用伦理学与其他学科的交叉与融合决定了应用伦理学的体系构建不止于传统伦理学本身，也并非伦理学与其他不同学科的简单相加，而是要实现伦理学与其他学科之间的相互渗透和交融互生。但问题在于，来自不同专业背景的应用伦理学研究者，其理论资源、学科方法和学术体系往

---

① 参见王小锡等：《中国伦理学70年》，南京：江苏人民出版社2020年版，第118—119页。

往有着极大的差异性，甚至存在着难以打破的话语隔阂。例如，尽管对于生命伦理学的学科交叉性判断已成共识，但是，来自伦理学的研究者和来自生命科学、医学、药学的研究者，面对辅助生殖、基因编辑等生命伦理学领域中的道德冲突和问题，常常停留于各说各话的境地，双方难以交流，更难以形成共识性的阐释和论断。这一隔阂，使得基于学科交融之上真正具备综合性和交叉性的应用伦理学理论难以真正形成，这也是当前应用伦理学研究各分支领域的共性问题。

由是观之，我国应用伦理学的体系构建任重道远。学者们在应用伦理学的学科性质、基本方法等问题上仍有争议，在内部和外部学科交融上仍处于瓶颈，呈现出学术观点方法日益复杂和多元的基本态势。与此同时，应用伦理学研究中基本问题的设定和探讨很大程度上受到西方应用伦理学的影响，不少学者在其研究中选择的案例或问题也源自西方。反映"中国问题"、极具"中国特色"的应用伦理事件和个案未能得到充分的关注和探讨，其在应用伦理学理论体系、学科体系和话语体系构建中的影响力尚待加强。

三、 走向人才培养的应用伦理

2021年12月，国务院学位委员会下发《关于对〈博士、硕士学位授予和人才培养学科专业目录〉及其管理办法征求意见的函》（学位办便字20211202号）。该文件与之前使用的学科专业目录的不同之处在于，在哲学门类之下，除了原有的"哲学"一级学科，新增了"应用伦理"专业学位（代码0151），可招收专业学位硕士。此前，在2021年10月国务院学位委员会下发的《2020年学位授权自主审核单位增列的学位授权点名单》中，中国人民大学哲学院申报的"应用伦理"被增列为硕士专业学位授权点，增列学位点代码为"S0151"，增列学位点类型为"硕士专业学位授权类别（目录外)"。2022年9月，国务院学位委员会、教育部印发通知，正式发布《研究生教育学科专业目录（2022年）》（以下简称《目录》）和《研究生教育学科专业目录管理办法》（以下简称《办法》），"应用伦理"正式作为"哲学"门类下的专业学位出现在目录中。

上述变化引起了学术界的广泛关注和热烈讨论。"应用伦理"为何作为新增进入《目录》？为何以专业学位形式进入《目录》？对于上述问题，我们不难从《办法》中获得启发。《办法》"总则"第四条明确指出："研究生教育学科专业目录适用于博士硕士学位授予、招生培养、学科专业建设和教育统计、就业指导服务等工作。学科门类、一级学科与专业学位类别是国家进行学位授权审核与管理、学位授予单位开展学位授予和人才培养工作的基本依据。"①这清晰地表明，《目录》是研究生人才培养工作的基本依据。而第三章"一级学科与专业学位类别的设置与调整"第八条明确说明，硕士专业学位类别设置应符合的基本条件为："1. 具有明确的职业指向，主要服务国家战略、区域经济社会发展和行业发展重大需求，培养高素质、应用型、技术技能人才；2. 所对应职业领域人才的培养规格已形成相对完整、系统的知识结构和实践创新能力的要求；3. 具有比较广泛的社会需求。"②因此，我们不难看出，"应用伦理"以专业学位形式进入《目录》，至少体现出以下三方面的考量。

一是表明应用伦理不再仅仅被理解为学术研究中的问题或伦理学下设的学科分支，而是成为研究生学位授予和人才培养的重要内容。根植于问题研究的应用伦理需要一批能够面向问题、阐释问题、解决问题的专业人才，强化体系构建的应用伦理也需要基于多学科背景专业学习的理论基础和学

---

① 国务院学位委员会、教育部：《研究生教育学科专业目录管理办法》，2022年9月13日（2023年3月9日引用），http://www.moe.gov.cn/srcsite/A22/moe_833/202209/W020220914572994487095.pdf。

② 国务院学位委员会、教育部：《研究生教育学科专业目录管理办法》，2022年9月13日（2023年3月9日引用），http://www.moe.gov.cn/srcsite/A22/moe_833/202209/W020220914572994487095.pdf。

术素养。"对于所有从事或有志于从事应用伦理学研究的人来说，学习并掌握除一般伦理学知识原理以外的一门或多门相关专业知识，学会用跨学科或多学科的方法研究并解答（决）当代乃至未来将要出现的各种特殊、具体的应用伦理学问题，即便不是一个充要的学术条件（资质），也是一个最基本的必要学术条件（资质），非如此不足以进入现代应用伦理学的专业技术化和专门化的诸领域，更遑论建立跨学科或多学科的融合视野与交叉方法了。"①面对纷繁复杂的道德现象和问题，传统伦理学理论不足以给出具有说服力的论证和回答，单一的学科视角和方法往往显得片面。但是，作为个体的研究者总有其学科背景和学术积累的局限，尽管可以通过各种方式对相关学科的专业知识和方法进行学习，但必须认识到，这些专业理论知识往往无法通过短时间的"恶补"来掌握，而是需要进行较为系统和全面的学习。从这一意义上说，"应用伦理"进入《目录》，可以而且应当为未来相关问题研究和学科建设提供人才储备。

二是"应用伦理"作为"哲学"门类下与"哲学"一级学科并列的专业学位，有着显见的跨学科专业特色，但其最重要的关联学科仍是哲学。"应用伦理"不是"哲学"门类下的另一个一级学科，也不是隶属于"哲学"一级学科下的二级学科，这表明，面向人才培养的应用伦理既应"出得哲学之外"，又要"入得哲学之内"。所谓"出得哲学之外"，更强调"应用伦理"与作为一般哲学学科人才培养的差异性。一般而言，硕士阶段的哲学人才培养侧重于理论知识的学习，要求系统掌握哲学学科基础知识，熟悉本学科和相关学科的国内外经典文献、重要理论著作和国内外最新学术动态，熟悉本学科及相近、相关学科的知识体系，掌握本学科的学术研究方法。但是，上述目标导致了哲学研究生培养在课程内容、培养模式上的同质化倾向。面向

---

① 万俊人：《应用伦理学及其工作方式》，载王露璐主编《应用伦理学前沿问题工作坊·第1辑》，南京：江苏人民出版社2022年版，序言第5页。

人才培养的应用伦理，在课程设置、培养模式上更强调多学科的知识储备与交叉融合，其课程内容、研究选题乃至学位论文都应与一般的哲学学术型硕士有所区分。所谓"入得哲学之内"，则强调哲学仍然是"应用伦理"人才培养中基础性、根本性的理论和方法资源。换言之，走向人才培养的应用伦理，始终坚持哲学伦理学的基本学科视角和方法，通过系统的专业学习和训练，掌握思考道德疑难问题的哲学概念工具、学术话语和理论方法，并与应用伦理学研究中基于道德生活经验的、"自下而上"的研究方法相结合，通过逻辑推演与学理论证从现象与问题中提炼出具有普适价值的理论范式。只有这样，应用伦理才能既凸显"应用"价值又不失"伦理"本色。

三是作为硕士专业学位设置的"应用伦理"，更强调职业指向和社会需求，旨在培养高素质、应用型、技术技能人才。专业学位表现出职业性与学术性双重特性，在很多国家主要被定位为职业学位，旨在培养适应社会特定职业或岗位的实际工作需要的应用型高层次专门人才。2013年出台的《教育部 人力资源社会保障部关于深入推进专业学位研究生培养模式改革的意见》明确提出，我国专业学位研究生培养强调的是"以职业需求为导向，以实践能力培养为重点，以产学结合为途径"[①]。应当看到，将"应用伦理"而不是"应用伦理学"设置为专业学位，正是专业学位性质和目标的充分显现。专业学位研究生培养目标具有明确的职业指向，即培养特定职业岗位的应用型和实践型高层次人才，尤其是强调服务国家战略、区域经济社会发展和行业发展重大需求的高素质、应用型、技术技能人才。因此，在课程内容和培养模式上，培养专业学位人才的应用伦理应当更加注重理论与实践结合，课程教学可以采用案例教学、实地考察、田野调查、工作坊等多种形式，学位论文的选题和写作应主要考查学生发现问题、探究问题并解决实际

---

① 《教育部 人力资源社会保障部关于深入推进专业学位研究生培养模式改革的意见》，2013年11月4日（2023年3月9日引用），http://www.gov.cn/gongbao/content/2014/content_2567185.htm。

问题的能力，课程考核和毕业论文可不限于传统论文形式，相关领域的道德调查报告、伦理审查方案、案例分析报告等均可作为考核形式；在学习方式上，可以容纳全日制和非全日制两种方案，亦可采用弹性学制。概而言之，作为专业学位的应用伦理更加直接地指向并服务于特定职业的发展需要，既要以多种形式开展理论层面的学习，更要依据实践与职业需求，以产学结合的模式进行研究生培养。例如，医疗机构应设置伦理委员会，以保护患者与医生的利益。2016年，《中华人民共和国国家卫生和计划生育委员会令（第11号）》发布了《涉及人的生物医学研究伦理审查办法》，其中第二章第九条要求，"伦理委员会的委员应当从生物医学领域和伦理学、法学、社会学等领域的专家和非本机构的社会人士中遴选产生"①。2023年2月，国家卫生健康委、教育部、科技部、国家中医药管理局联合印发《涉及人的生命科学和医学研究伦理审查办法》，其中第二章第八条更加明确地要求，"伦理审查委员会的委员应当从生命科学、医学、生命伦理学、法学等领域的专家和非本机构的社会人士中遴选产生"②。上述变化清晰地表明了伦理审查委员会对专业的生命伦理学人才而非一般伦理学人才的需求。这也说明，应用伦理在被纳入研究生专业目录并作为专业学位设置后，其实践属性进一步彰显，为哲学人才培养提供了新的契机。

四、"立体三维"结构的应用伦理

从问题研究、体系构建和人才培养三个维度理解应用伦理，并不意味着将应用伦理视为以上三个组成部分的简单相加，而应以一种立体化的三维

---

① 国家卫生健康委员会：《涉及人的生物医学研究伦理审查办法》，2016年10月12日（2023年3月9日引用），http://www.nhc.gov.cn/wjw/c100022/202201/985ed1b0b9374dbbaf8f324139fe1efd/files/b55709aae99943c7a7a17cd23cb824fd.pdf。
② 卫生健康委、教育部、科技部、中医药局：《关于印发涉及人的生命科学和医学研究伦理审查办法的通知》，2023年2月28日（2023年3月9日引用），http://www.gov.cn/zhengce/zhengceku/2023－02/28/content_5743658.htm。

视角看待应用伦理。换言之，问题研究、体系构建和人才培养，不是以平面化的"三部分"相加而成为应用伦理，而是以相互补充、相互推进的"三维度"形成一种"立体三维"式结构（如下图：应用伦理的"立体三维"结构），从而更好地实现应用伦理的理论价值和实践目标。

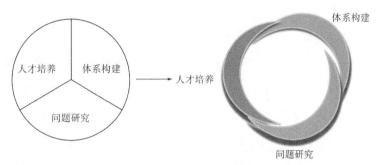

应用伦理的"立体三维"结构

首先，问题研究是应用伦理体系构建和人才培养的缘起和目标。应用伦理与问题相伴相生，问题研究契合并充分显现了应用伦理"源自问题、面向问题、解决问题"的实践性和时代性特征。不断出现的道德疑难问题，既是应用伦理学体系构建的前提和基础，也能够更好地充实体系的内容。同时，要分析和解决问题，需要培养一批具备专业理论素养、掌握理论资源和方法的人才，换言之，需要一批有学术和实践"资质"的专业人才。应用伦理专业学位兼具学术性和职业性的培养，能够打造一支问题意识更加敏锐、理论素质更加系统、学科视角更加完备、实践能力更加突出的专业人才队伍。

其次，体系构建为应用伦理的问题研究提供更加系统的理论和方法资源，也成为应用伦理人才培养的重要内容。应用伦理对问题的分析和阐释需要伦理学的经典理论资源和方法供给，与问题相关的其他学科也提供了可资利用的新视角、新判断和新方法。但是，如果这些理论和方法不能形成基本共识，大量应用伦理的问题探讨必然只会逐渐沦为"各说各话"式的观点表达。因此，通过构建应用伦理学的理论体系和学科体系，能够促使应用伦理问题研究更加系统化、专业化，从而避免大量的问题讨论趋于碎片化。通过体系构建不断提高学科的系统化与专业化程度，方能为道德冲突和难题的解决提供更具说服力的论证和回答。同时，体系构建中不断完善的基本概念工具、学术话语和理论方法，正是应用伦理被纳入研究生人才培养后的重要内容，是课程教学、选题写作中应当学习和应用的基本理论和方法工具。

最后，人才培养为应用伦理的问题研究和体系构建提供了源源不断的专业人才支撑。在根植于问题研究的应用伦理中，问题的发现、分析和解决，需要具有专业能力的"人"；在强化体系构建的应用伦理中，形成更加系统和完善的理论体系和学科体系，需要已经具备相应理论基础和学术资质的"人"。诚然，现有相关学科的人才队伍能够在一定程度上提供智力支撑，但是，我们仍应看到，应用伦理问题的不断多样化、复杂化，跨学科研究话语的专业化、差异化，以及解决实际问题时的技术化和操作性要求，使得对应用伦理专业人才的需求呈现出数量更多、层次更高、结构更专的态势。可以说，进入研究生人才培养目录并作为专业学位培养的应用伦理，高度契合了上述需求并弥补了哲学和相关学科人才培养的不足。

将应用伦理理解为问题研究、体系构建和人才培养的"立体三维"结构，较为准确地表达出应用伦理研究之问题导向、理论资源、学科基础、实践应用、人才需求等多方面因素的相互关联。"根植于问题研究"是"强化体系构建"与"走向人才培养"的前提，丧失问题导向的应用伦理将失去生成与发展之基，亦无法解决大量的道德疑难问题，其学术魅力和学科价值将难以显现。不断出现的新现象、新问题，使应用伦理的问题研究始终处于"更新"状态。这些问题的解决，需要通过"强化体系构建"来形成日渐完善的应用伦理理论体系和学科体系。进一步而言，体系的建构和完善能够使愈加复杂、涉及不同学科的道德问题得到更加专业化、系统化的解答，这又使应用伦理被纳入专业学位研究生人才培养成为可能。与此同时，人才培养是理论分析与现实应用之间的桥梁，应用伦理专业学位硕士的培养目标，是掌握并能够运用理论工具分析和解决问题的"人"，其培养过程，正是使培养对象具备伦理学及相关学科较为完备的知识结构及处理现实问题的实际应用能力，这又依赖于应用伦理通过相当长一段时间的问题研究和体系构建，为专业人才培养提供较为完备的理论准备和师资储备。

回顾应用伦理的发展，我们也不难发现，根植于问题研究的应用伦理源远流长，20世纪60年代后在西方日渐成为研究热点。改革开放以后，尤其是20世纪90年代以来，我国应用伦理研究快速发展，21世纪以来，应用伦理学更是成为伦理学中发展最为迅速的研究领域，被看作哲学学科中发展态势最好的"显学"。在这一进程中，我国应用伦理研究在学科、学理、方法论层面的探讨取得了丰硕成果，初步构建了"应用伦理学"的理论体系和学科体系。从这一意义上说，在"根植于问题研究的应用伦理"和"强化体系建构的应用伦理"不断探索的基础上，"走向人才培养的应用伦理"时机已经成熟。"应用伦理"作为专业学位被纳入研究生培养目录，可谓生逢其时，正当其时。

王露璐

2023 年 4 月 20 日

第一期　后真相时代的传播伦理

——以反转新闻为例[*]

主讲人：曹刚

主持人/评议人：王露璐

与谈人： 张燕、刘昂、王璐、史文娟、吕雯瑜、侯效星、陈佳庆、
王天呈、陆玲、范向前、张晨、刘壮、杜明钰

背景介绍

《牛津英语词典》把"后真相"选为2016年年度词语，这同当年发生的两件政治事件有关，即英国脱欧和特朗普当选美国总统。在这两件事上，扯淡的政客都获得了胜利。他们胜利的秘诀在于，诉诸情感和信念比诉诸真相更能影响公共舆论。2016年《时代周刊》刊登了一篇专栏文章，题目是《"扯淡"问题专家认为特朗普就是在扯淡》（Donald Trump is BS, Says Expert in BS）。在法兰克福（Harry G. Frankfuet）看来，扯淡是指既不是实话实说，也不是撒谎，扯淡是无意义的叙述，其本质属性是对真相的漠不关心。那么，扯淡会对社会有什么影响呢？关键是，扯淡的特朗普赢得了选举，因为选举的逻辑发生了改变。选民投票的逻辑不再是"依据事实→作出判断→确立立场"，反而是立场在先、事实在后。在一定意义上，特朗普的当选开启了后真相时代，而后真相时代的世界实质上是个扯淡的世界。由此我们可以进一步思考：第一，我们是在什么语境中谈论后真相时代？"后真

---

[*] 本文由南京师范大学公共管理学院硕士生范向前根据录音整理并经主讲人曹刚审定。

相"到底是指什么？第二，"后真相"的出现带来了哪些伦理问题？第三，面对这些问题，我们又该如何应对？

主讲人 深入剖析

通过背景介绍我们可以发现，"后真相"核心的内容就是扯淡，这两者有一个共同的基本含义——不重视真相。也就是说，相对于人的情感、立场、信念而言，真相已经不重要了。其实无论是扯淡，还是后真相，作为人类社会的一种现象，它们并不是近些年才出现的，而是自古有之。法兰克福早在1986年就写了一篇名为《论扯淡》（On Bullshit）的论文（后于2005年被普林斯顿大学出版社印成一本精致的小书发行），从哲学层面严肃考察了扯淡问题，充满洞见。鲁迅《野草》里的《立论》一文，也生动形象地展现了扯淡的特征。而且在以前，包括政治家在内的许多社会人士，他们也都在扯淡。那为什么直到2016年，扯淡才引起了社会的广泛关注，"后真相"这个概念才被发明出来并入选年度词语呢？我认为，这与传播生态的改变有直接的关系，即新媒体（或者说互联网）出现。也就是说，后真相也好，扯淡也好，它们作为一个时代的表征，是在新媒体的语境之下产生的。而我们今天所讨论的传播伦理，也主要是指新媒体的传播伦理。这既是我对今天工作坊题目的解题，也是对让同学们提前思考的第一个问题——"我们是在什么语境中谈论后真相时代"的一个基本回应。

接下来我们思考一下，我们所说的后真相到底是指什么？刚才我提到，我们是在新媒体（或者说互联网）世界里面谈论"后真相"问题，那么我们首先需要思考的就是，在新媒体世界里面的"事实"（真相）到底是什么样的？在新媒体（或者说互联网）世界里面，真相为什么会滑向后真相？

具体来看，新媒体（或者说互联网）世界里面的事实是一种"表述的事实"，是从认识论意义上而言的事实。如果说从本体论的意义上谈论事实，那么它类似于康德所说的物自体，也就是无论你是否谈论它、是否认识它，它都存在于那里。我们今天从认识论的意义上讨论的"表述的事实"，具有三个不同于本体论意义上事实的特征：

第一，"表述的事实"受制于主体的认知。举一个"盲人摸象"的例子可以帮助大家更好地理解这个问题。在盲人摸大象的过程中，他摸到的只是大象的一部分，如鼻子、耳朵、躯干，他所得到的关于大象的真相也只是由他所摸到的那头大象的身体的一部分定义的。他摸到的都是大象的真相，但都不是大象的全部真相，因此他得到的只是部分真相，而非全部事实。由此引申，因为我们每个人都有不同的生活经验、知识储备、能力和立场，所以我们总会受到这些条件的限制而只能从某一个角度去认知一个事实，进而只能看到真相的一部分。同时，这种认识的局限性有可能会变成扯淡，因为当一个人去分析和谈论超过了他认知能力范围的事件的时候，就会变成在扯淡。

第二，"表述的事实"体现了主体的立场和态度。一件事情的真相是由各个环节、不同方面的信息所组成的。但是，当我们在新媒体世界去建构和表述一个真相的时候，我们总会对这些繁杂的信息作出取舍。而这个取舍的标准就是我们做这件事情的目的、立场和态度。可以说，有不同的目的，人们就可能表述不同的事实。举一个战争的例子，在科索沃战争中，克林顿表示：我们不是为土地而战，而是为价值观而战。也就是说，在他看来，人权是高于主权的，所以他所发现的事实全部都是反人权的事实。那么我们就会发现，如果说这种"表述的事实"总是与表述者的目的、立场、态度相关的话，就很容易滑向"扯淡"、滑向后真相，因为人们总是会过分注重自己的立场和态度，而不顾及事实。

第三，"表述的事实"与语言密切相关。这很容易理解，事实总是需要用语言表达出来，这种语言可以是文字形式的，也可以是音频和视频形式的。在新媒体（或者说互联网）世界中，语言的表达有三个主要的特点：第一，碎片化。社交媒体短小浓缩的"微文本"只能以碎片化的方式呈现事件的面貌，几行字、数个符号、多个表情，传递了关于事件的局部信息，却无法展现事情的整体性面貌。第二，即时性。尤瓦尔·赫拉利（Yuval Noah Harari）在《未来简史》（*Homo Deus：A Brief History of Tomorrow*）中写道："现代的新座右铭是：'如果你体验到了什么，就记录下来。如果你记录下了什么，就上传。如果你上传了什么，就分享。'"①一键分享、即时上传式的传播，消除了事件本身和描述事件的时间差，这使得真相要在不断的新闻反转中才能显露，但新闻反转本身又让人不敢期待真相。第三，情绪化。情绪化传播诉诸情绪化的力量，而不是诉诸逻辑的力量。不讲逻辑是网络传播的一大弊病。表情包代替一切，情绪的发泄代替了对真相的追求。事实上，每个人都有其立场，可能支持或反对某个主张，但支持或反对都是要有理由的，是要有证据的，证据就是能证明事实的信息。然而，网络传播更多的是通过煽情式的表达，激起你心中的各种欲望和感觉，尤其是哀伤、不满、厌恶等负面情感，让你情不自禁地相信他的观点。

综上所述，"传播"最根本的伦理性规定或者说道德规定就是传播真相。但是，在新媒体传播中，这种真相是一种"表述的真相"，这样一种表述的真相会受到表述主体自身认知、态度和立场的限制，也会受到表述手段和语言的限制，从而使得新媒体（或者说互联网）世界的真相很容易变成一种后真相，也就是变成情绪和态度的宣泄，而真相不再重要。

我们继续看我让大家提前思考的第二个问题，即"'后真相'的出现带来了哪些伦理问题"。在我看来，后真相时代的到来、扯淡文化的泛滥带来

---

① ［以色列］尤瓦尔·赫拉利：《未来简史》，林俊宏译，北京：中信出版社2017年版，第352页。

了很多非常严重的社会问题，其中伦理方面的问题可以概括为以下三点：

第一，社会信任遭到破坏。如果我们把社会视为一个合作体系，那么信任则是这个合作体系存在和发展的前提条件，也可以说是道德条件。然而，后真相时代的到来、扯淡文化的泛滥，对社会的普遍信任、专家信任和政府信任都造成了极大破坏。首先是社会的普遍信任方面，法国学者阿兰·佩雷菲特（Alain Peyrefitte）提出"信任社会"与"疑忌社会"的概念，扯淡的世界无疑是个疑忌社会。在这个社会里，阴谋论盛行，人们普遍持一种怀疑主义的态度，不知道应该相信什么，于是，反过来通过扯淡的方式来表达一种对现实社会的抗拒和不合作姿态。其次是专家信任方面，现在越来越多的专家开始接受各种各样的访谈，他们经常谈论一些超过他们专业知识领域的问题。这种谈论其实就是一种扯淡，久而久之，大众就会对这些专家失去信任。最后是政府信任方面，政府信任是社会信用体系的枢纽，但扯淡的政客破坏了政府公信力，其最恶劣的结果便是所谓的"塔西佗陷阱"，即无论政府说真话还是说假话，做好事还是做坏事，老百姓都不愿意相信。特朗普的扯淡动摇的是美国民主制度的信用，中国的主要问题是，基层政府官员因官僚主义和形式主义的扯淡而引发的信任问题严重影响了基层政府的公信力。

第二，价值共识被消解。后真相是如何消解社会的价值或者说道德共识的呢？我们可以这样理解：真相对于道德判断而言是非常重要的，它是道德判断的前提。譬如，俄乌战争以来，我们常听到外交部发言人说：我们在乌克兰问题上的立场是一贯的，中方一向按照事情本身的是非曲直决定自己的立场。这是一个道德判断的过程，即道德推理。第一步，了解事情本身的现实情况，即事情真相，在这里是指俄乌战争的来龙去脉，这是道德判断的前提。第二步，依据普遍认同的道德规范对事情作是非曲直的判断。在这里是指依据国际法和国际公约的规定对俄乌战争事件作出道德判断。第三步，根据判断的结果决定自己的立场。判断结果是善的、应当的，就支持和鼓励；

判断结果是恶的、不应当的，就反对和禁止；判断结果无所谓善恶、应当与否的，就持中立和不干涉的立场。当然，实际的判断结果总是有好有坏，这就要辩证对待。可见，在一个合理的道德判断中，真相是判断的前提，逻辑上在前，立场取决于判断后的结论。但是，在后真相时代，人们总是根据立场挑选事实，而不是依据事实决定立场。换言之，对同一件事情，每个人都有自己的态度、立场和观点。人们总是先站队，再看事实，再讨论是非，这也是后真相的实质。因此，关于事实的基本共识被消解了，许多人抱着基于立场选择的那些碎片化的事实，执着于由此得来的价值判断，在社交传播和算法个性推荐的加持下走向群体极化，从而丧失了通过理性对话获得共识的动机和兴趣。有个流行的段子说的也大体是这个意思："世界上最遥远的距离是我在你面前，而你却在微信里。"

第三，怀疑主义流行。美国学者拉尔夫·凯伊斯（Ralph Keyes）的《后真相时代：现代生活的虚假和欺骗》（*The Post-Truth Era：Dishonesty and Deception in Contemporary Life*）一书在2004年出版，书中认为人们生活在"后真相时代"，同时也处于伦理的灰色地带。伦理灰色意味着善恶不辨、对错不分，意味着道德相对主义，意味着怀疑主义。

讲到这里我插一个题外话。我们今天的工作坊是应用伦理学的工作坊，在我看来，应用伦理学就是伦理学的当代形态。其原因在于，应用伦理学的研究对象是当前社会中出现的伦理道德问题。如果说，我们根据传统的道德的核心范畴和基本概念的定义、道德推理的有效性路径来看待当前社会出现的道德问题，那么就很难对这些道德问题作出合理阐释，因此我们应用伦理学需要重新定义一些最基本的道德范式，重新对道德推理的有效性问题进行反思。同理，我们这里说的新媒体传播所带来的许多问题，也是传统道德规范体系难以调整的，因此需要提出一种新的规范体系。

既然提到了应用伦理学，我想再多讲一点。我们中国人民大学有一个教育部重点研究基地——"伦理学与道德建设研究中心"。作为中心主任，我在谈到中心的使命、定位的时候，经常会问大家："伦理学与道德建设研究中心"这12个字里面，哪个字或者说哪个词是最重要的？有人会说"伦理学"是最重要的，这样我们基地的定位可以是进行伦理学理论的创新。有人会说"道德建设"最重要，因为我们基地的使命是进行社会道德建设。这些都是有道理的，但是在我看来，最重要的字是"与"，因为如果纯粹做伦理学理论的研究，那么伦理学的初衷和使命是难以实现的。伦理学是一门实践的学科，一个学习伦理学的人如果不能对社会的现实问题进行透彻的分析、理解和解读，不能给出合理的道德解决方案，那么他可以去学逻辑学、外国哲学。但是，如果仅进行"道德建设"也不行，因为寺庙等宗教场所、精神文明办等政府单位以及高校（辅导员）都在做道德教化、道德建设的工作。由此，"与"的重要性就体现出来了，我们中心的定位是伦理理论与实践的结合。因此我想说，我们做伦理学研究的基本思路就是，面对不同的社会现象，我们要从伦理学的视角去解读它，并提出具有道德意义的问题。我上面讲到的社会信任遭到破坏、价值共识被消解以及怀疑主义流行就是我从"后真相"的各种社会现象中提出的一些具有道德意义的问题。

下面我们回到正题，讨论完后真相的出现带来了哪些伦理问题之后，我们还需要进一步思考如何去解决这些问题。我的思考方向大致是这样的：后真相、扯淡文化都是在新媒体传播这一土壤中生发出来的，那么我们要想从根本上解决后真相所带来的伦理问题，就必须对土壤进行改良，而对土壤进行改良的前提是深入了解该土壤的特性。在我看来，新媒体传播这一土壤具有以下三个方面的特性：

第一，传播门槛低。在视频节目《圆桌派》里，窦文涛曾说：后真相时代的一个显著特点就是越来越多的新闻专业机构、专业从业人员，会逐渐被社交媒体取代，舆论将成为主导。确实如此，由于新媒体技术的发展，现在任何人都可以通过一部智能手机拍摄短视频并在短视频平台传播信息，从而打破各种地理的限制、平台的限制、阶层的限制、知识的限制，拉近草根与精英的距离，形成全员交互的局面。同时，以前那些报纸的读者、广播的听众、电视的观众等被动的受众，现在摇身一变，由信息接收者的单一角色发展成为既可以接收信息，也可以传播信息，甚至可以生产信息的多元角色。由此，如何培养每个网络公民的媒介素养，让其理性地消费信息、有责任地传播信息、有质量地生产信息，是我们解决后真相带来的伦理问题的重要途径。

第二，算法逻辑。在新媒体传播的平台之上，有两种主要的传播形式。第一种是社交媒体（微信、微博）的传播模式，即通过微信朋友圈、微博等途径进行传播。第二种是智能化传播模式，即平台（抖音、快手）根据大数据通过算法进行个性化传播。在日常生活中我们经常会发现，当我们打开抖音浏览视频，只要我们点赞或收藏了某个视频，抖音平台就会立刻根据我们的喜好进行画像，并通过算法将大量的同质化信息推送给我们。但问题在于，平台的这种推送是建立在我们没有经过反思而作出的选择的基础之上的，并不利于我们自身的发展和进步。然而，在传统的"信息—编辑—受众"的大众传播模式之下，总会有一个信息编辑扮演着"把关人"的角色。编辑会从新闻的真实性、新闻的价值及传播的社会效果等方面进行权衡，以确定是否对信息放行。我们前面提到的社交媒体（微信、微博）的传播模式是"信息—受众—受众（N个）"，在新媒体这里，类似编辑的"把关人"角色退席了。与此类似，智能化传播模式是"信息—算法—受众"，基于算法的智能推荐或分发，是根据受众兴趣和需求进行的个性化推荐或分发，这里的"把关人"角色依然是缺席的。在《真相：信息超载时代如何知道该相信什么》（Blur：How to Know What's True in the Age of Information Overload）一书中，罗森斯蒂尔（Tom Rosenstiel）就写道："在一个没有编辑把关、充满倾向性报道的新闻界，谁的嗓门大，谁的声音甜美，谁就可以获胜，首先被牺牲的是真相。"①可见，"把关人"的存在是确保传播真相的可靠机制，因此，有必要确立平台作为把关人的角色。

第三，资本属性。现在的网络传播平台都具有资本属性，它们对用户进行信息推送时，遵循的是"流量"，即注意力经济、粉丝经济，所以它内在的逻辑其实是资本的逻辑，即利润最大化的逻辑。这个时候，对于平台来说，真相并不重要，挣钱是第一位的。因此，要想解决后真相时代的伦理问题，关键在于处理好平台的公共属性与商业属性的矛盾问题，要在为资本划出红线的同时，寻求各方利益的平衡点，并通过国家法治、行业自治和业者自律等多元治理方式，确保平台不但要把好价值观审查的关，也要建立创新机制，并把好基本事实核查的关。

我就先讲到这里，下面把时间交给同学们吧。

自由阐述

范向前：我主要想谈一下对曹老师提出的第一个问题的理解，即"我们是在什么语境中谈论后真相时代？'后真相'到底是指什么？"首先谈一谈"后真相"，这个词主要是指情绪、信仰的重要性超过了事实本身，其本质是：成见在先，事实在后；情绪在先，客观在后；话语在先，真相在后；态度在先，认知在后。在后真相时代，个人的观点显然走在了事实之前，情感占领了理智的高地。我认为，可以将后真相时代的主要特征概括为以下五个方面：第一，信息的碎片化。后真相时代主要表现为人们对信息的处理轻脉

---

① ［美］比尔·科瓦奇、［美］汤姆·罗森斯蒂尔：《真相：信息超载时代如何知道该相信什么》，陆佳怡、孙志刚译，刘海龙校，北京：中国人民大学出版社2014年版，第8—9页。

络、重细节，传播的信息难以追根溯源。第二，信息的去中心化。后真相时代的文本、特征、符号都是开放的，任何人都可以对它进行无限解读，事实的呈现也有无限可能。第三，信息的部落化。后真相时代，人们为了追求情感的共鸣，必然需要抱团取暖。第四，信息的情感化。在后真相时代，人们追求的是自己内心的情感满足，相对于真相，个体的情感满足更为重要。第五，信息的偶像化。在后真相时代，人们总是根据"是谁说的"来决定是否去相信该信息，"是谁说的"比"说什么"更重要。

其次，对于"我们是在什么语境中谈论后真相时代"，我认为可以从以下两个层面进行论述。第一个层面是哲学语境。从历史和哲学的宏观视角来看，"后真相"符合从现代主义到后现代主义的演进趋势。现代主义哲学认为，文本只能有唯一的、准确的、权威的定义；而在后现代哲学看来，文本具有无限多样的解读的可能性。现代主义兴盛的时代，事实是至高无上的，报纸、电视、广播等大众传媒都拥有转述事实、阐述意义的绝对权威。然而，在后真相时代，新闻与事实之间出现了断裂。在众声喧哗的社交媒体中，事实逐渐让位于情感、观点与立场，大众传媒不再拥有阐释意义的权威，这种解释权被让渡给个体。第二个层面是传播环境与技术方面的语境。互联网与社交媒体的兴起，使得海量信息涌入日常生活，造成信息超载、鱼龙混杂，公众认知事件的真相变得越来越困难。再加上个体认知能力的局限性，人们并不能有效地处理所有信息，因此对于事件实质性内涵的解读就显得力不从心。同时社交媒体也造成了"信息茧房""过滤气泡"等现象，也就是曹老师所说的每个人都只能得到自己想要知道的东西。因此在互联网和社交媒体成为信息主渠道的今天，海量化和碎片化的信息使得随意重塑某一"现实"变得轻而易举。

侯效星：我想针对"新媒体传播为什么会导致后真相"谈一谈自己的看法。

从新媒体传播的视角出发，"后真相"的出现主要有以下三个方面的原因：第一，新媒体环境。新媒体传播门槛低，受限较少，相对而言会缩小阶层之间的距离。且新媒体环境下信息传播速度快，信息碎片化会导致人们只能看到一个局部的事实。这些情况造成了信息失真现象，进而导致后真相的出现。第二，面对铺天盖地的新闻，人们的感性思维战胜了反思性、辩证性的思维。新闻媒体为了吸引眼球，总是想尽办法煽动主体的情绪、调动人们的同情心。这就导致情感战胜事实，人们自觉或不自觉地会先从感性去思考事实，而放弃了以往先认识事实，再去产生情感的一种逻辑理路。人们的反思和辩证思维能力处于被搁置的状态，进而也就难以保证对于这种事件的客观性反思。第三，在新媒体这样一种相对自由、人人都有话语权的传播环境和背景下，个体价值被过度释放。在价值多元化的时代，人人都追求新颖、追求自由、追求释放、追求自身利益，每个人似乎都可以无责任、无包袱地表达态度和立场。这种不受控的现象很容易拉低新闻的正向引导价值，进而导致后真相的出现。

王璐：我认为新媒体、大众传媒的出现推动了人们对于真相的发掘。先前我们对传统新闻媒体输送的信息抱有极高的信任度，不会深究其真实与否。但是随着新媒体和大众传媒的出现，公众有机会直接参与到新闻事件的讨论当中，这时大众便会充分发挥主观能动性，去挖掘相关信息并公布出来。这些信息可能是对官方信息的补充，也可能与官方报道相左。当大众公布的信息与新闻媒体披露的信息不一致时，人们便会对新闻报道的真实性产生怀疑。当更多的信息被大众挖掘和公布之后，人们便会选择性地依据自身的刻板印象去相信部分信息并作出判断，从而出现所谓的后真相，即一种根据自己的价值观和立场去判断、去选择进而去相信的真相。我认为这充分体现了新闻媒体利弊兼存的现状，它一方面推动了大众对真相的发掘，另一方面又导致后真相的出现，让真相变得不那么重要。

王天呈：新媒体和网络平台使得真相似乎成了"任人打扮的姑娘"，真相的显现在清晰和模糊之间具有张力。一方面，不少人借着对真相的探寻来发泄个人情绪，表明立场，寻找道合群体。我们能从这些立场中看出其背后社会各个势力的身影，这些势力使得旁人对事实的认识和了解从一开始就带有预设立场，同时其背后的内在逻辑也使得我们能够一窥当下人群的生存状况。而资本更是在其中兴风作浪，通过各种操作来为自己引流。另一方面，在更多自然事实未被揭露出来时，面对"有限的真相"，人们已经开始进行道德判断。而随着完整真相的揭露，面对更多的自然事实，已有的道德判断很可能发生反转。但是先前已有的道德判断可能已经导致了相关的行为，由此产生了更多的事件。因此我们是否能够做到"慢落锤"，在面对部分信息之时，"让子弹飞一会"？除此之外，面对复杂的事件，作为力量有限的个体，即便我们无法了解事情的全部真相，我们也要尽可能知道哪些不是真的，如此，我们才有可能摆脱后真相的弊病。

陈佳庆：我觉得谈论后真相时代的问题时，要坚持两个前提。第一是要相信有真相，第二是要相信公权力能给出真相。在道德领域，道德真相的客观性基础是公共意志，是来源于民众又超越于民众的意志。公共意志形成的前提是我们都是具有理性反思能力的人。只要我们运用理性去思考，就能得到一致判断。后真相时代的特点是情感主导真相、论点高于事实，我们被情绪、冲动控制去追求片面的真相，因而难以进行理性反思，这是产生问题的关键。辨别真相要相信公权力的判断，很多舆情事件最后的解决都是政府机关努力的结果，一定意义上政府和国家就是公共意志。如果大家都只相信自己，那争论就无法结束了。因此我认为，当面对后真相时代不断反转的舆论事件时，公权力需要及时介入调查并给出事情真相，才能解决矛盾与争论。

吕雯瑜：当前社交媒体已经成为网民主要的新闻来源，而移动互联网与社交媒体的普及，使得"后真相"有了发展的空间。我认为，后真相时代具有以下特点：

第一，无反转不新闻。所谓无反转，就是整个事件在发生的过程中，细节逐步明朗化。公众将焦点逐渐转移，社交媒体也在不断地进行质疑或者驳斥。经过人们不断的挖掘，事实真相以一种过程性的状态逐渐呈现给公众，这很考验受众群体的分辨能力。

第二，标签化。所谓标签化是指在对待整个事件的过程中，我们的主观认知代替了理性思考。标签化完美地使主观认知代替了理性思考和严密的逻辑推演，使得受众不再将关注点放在事件本身，而更多地关注情感的共鸣与情绪的宣泄。

第三，碎片化。反转新闻可以用一个比喻来描述。英国伦敦大学哲学教授斯泰宾的著作《有效思维》(*Thinking to Some Purpose*)用了一个词语叫"罐头思维"："我们非常需要有确定的信念作为行动的依据，而搜寻这样的信念应该拥有的证据是艰难的，因此我们很容易养成一种习惯，接受一些可以免除我们思考之劳的简明的论断。这样就产生了我称之为'罐头思维'的东西。"[①]这样的思维模式表现出来的便是人为制造信息的不对称，屏蔽事实真相，省略论证过程，没有完整的推断过程，有的只是一个简单的结论。有些新闻媒体一开始就带有倾向性地报道，隐藏部分事实。从某种意义上来说，这是现实社会新闻失实的放大，导致反转新闻不断上演，最终给社会造成危害。

后真相时代背景下的新闻传播具有怎样的特点呢？我觉得可以从三个方面来进行探讨，即受众、事实和意见。首先，情感共鸣掩盖了事实真相。受众在理

---

① ［英］L.S.斯泰宾：《有效思维》，吕叔湘、李广荣译，北京：商务印书馆1996年版，第47页。

解真相的过程中，非理性情感因素逐渐占据上风。其次，情绪积累加深了我们的刻板印象。新闻事件之所以能够吸引网民关注、引起全民聚焦，是因为这些事件与每个网民的切身利益相关，能够触碰到社会最深层次的矛盾，涉及社会的价值诉求。新闻事件本应针对事件本身，但被公众上升到群体意识后，非常容易引起群体共鸣，导致人们不再关注事件本身。最后，整个事件不是呈现单向传播过程，而是呈现多元化的动态传播过程。动态传播过程出现了复杂的综合体，即呈现出很多观点、很多声音，导致公众的意见更多元化，也更随意化。

刘壮：我是从传播学的发展脉络去思考从"真相"到"后真相"的问题的。传播学始于20世纪20年代，是一个晚近的学科。一战、二战期间，国家对于宣传、舆论，民意测试等的需求不断增加，使得传播学这门学科迅速发展。在拜读了"传播学之父"威尔伯·施拉姆（Wilbur Schramm）的《传播学概论》（*Men，Women，Messages，and Media：Understanding Human Communication*）之后，我认为传播其实就是一种交流。我们可以从传播的五重功能的定位说明后真相时代所遭遇的道德问题。第一，"交流是公共舆论的管理"，而在后真相时代，我们所面临的是道德共识的消解。第二，"交流是语义之雾的消除"，但是我们看到在一个重大事件爆发之后，人们会陷入一种彼此之间喋喋不休的争论之中。第三，"交流是自我城堡中徒劳的突围"，然而新媒体的算法将我们束缚在"信息茧房"之内。第四，"交流是他者特性的揭示"，现实却是对他者的猜忌。第五，"交流是行动的协调"，但在现实中由于难以达成共识，所造成的往往是行动的迟滞。①

　　由上所述，我们面临的道德困境是一种所谓"熵"的混乱状态，而伦理学的使命是要做到一种"负熵"，降低这种混乱，寻求基本的共识。而无论

---

① ［美］威尔伯·施拉姆、［美］威廉·波特：《传播学概论》，何道宽译，北京：中国人民大学出版社2010年版，译者序第3页。

是"真相"还是"后真相"都是追求真的一种努力，也正如《尼各马可伦理学》中所说，"爱智慧者的责任却首先是追求真"①。

史文娟：许多媒体工作者或个人通过"投射"来获取所谓的"流量"，其获取"流量"的方式主要是在其发布新闻后，直接或间接引导大家通过文字等表达自己的情绪，而随着大家阅读、评论和转发量的增加，该媒体工作者或个人的影响力就会扩大。

当某些新闻媒体工作者由于私利报道虚假事实时，尽管已构成了欺骗，但由于我们未处在第一现场，且许多新闻并没有出现后续报道或后续报道被其他的新产生的新闻淹没，虚假的报道在传播的过程中会被许多人认为是真实的。因此，在后真相时代，我们获得的信息极易被污染，我们难以辨别它是否真实，这时不仅需要重新审视媒体工作者的职业伦理规范，更要通过制度路径加以约束。

随着时代的发展，大家在互联网表达的欲望愈加强烈，在这种情况下，大家对于某一问题很难形成共识，就如赫克托·麦克唐纳（Hector Macdonald）在《后真相时代》（Truth）中通过讲述"双重论证"得出，"一个人的道德真理可能是另一个人的非主流思想"。②这在一定程度上会造成互联网社会秩序的混乱，即以相同的道德立场为纽带，我们作为群体出现时，由于道德立场不同，会形成对立局面，我们可能会面临一些新的道德困境。虽然我们没办法保证获得的每条信息都是完全真实的，但是我们作为看官或信息发布者，可以做到以下三点：一是身为看官，我们可以保持独立思考的能力，三思且慎言；二是身为新闻工作者或者信息发布者，我们要遵守职业道德；三是我们可以选择合适的方式将信息传递出去。

---

① ［古希腊］亚里士多德：《尼各马可伦理学》，廖申白译，北京：商务印书馆2003年版，第12页。
② ［英］赫克托·麦克唐纳：《后真相时代》，刘清山译，北京：民主与建设出版社2019年版，第143页。

杜明钰：新闻学有一个说法叫"真实是新闻的生命"，但新闻的真实可能更多偏向价值层面，因为新闻真实是很难达到的。新闻从业者的职业精神要求他们无限接近真相，但新闻报道很难将真相全部呈现。在我看来，反转新闻其实在某种程度上可以说是一个伪概念，反转新闻的本质是假新闻的证伪，是对一个事实在不同阶段的呈现。新闻本来就不是一次性完成的，马克思在《摩泽尔记者的辩护》中论述道："首先是由于这些问题本身的内容，因为一个报纸记者在极其忠实地报道他所听到的人民呼声时，根本就不必准备详尽无遗地叙述和论证有关这种呼声的一切细节、原因和根源。撇开时间的损失和进行这项工作所需要的大量资金不说，一个报纸记者也只能把他自己视为一个复杂机体的一个小小的器官，他在这个机体里可以自由地为自己挑选一种职能。""只要报刊生气勃勃地采取行动，全部事实就会被揭示出来。这是因为，虽然事情的整体最初只是以有时有意、有时无意地同时分别强调各种单个观点的形式显现出来的，但是归根到底，报刊的这种工作本身还是为它的工作人员准备了材料，让他把材料组成一个整体。这样，报刊就通过分工一步一步地掌握全部的事实，这里所采用的方式不是让某一个人去做全部的工作，而是由许多人分头去做一小部分工作。"[1]由此可以看出，在新闻真实和新闻时效之间，报刊对新闻事实的呈现并非一蹴而就，而是从点到面逐渐展现原貌，是一个横向的有机构成和纵向的时间过程。

反转新闻主要体现为两种反转，一种是修正补充更多新闻事实，另一种是公众情感态度发生极大转变。新闻很难呈现一次性的完成时，但只要坚持新闻的客观性和真实性，事实核查便有保证，也正因为如此，新闻的反转常常是难以避免的，反转新闻也不过是事实在不同阶段的呈现。而"后真相"所带来的危害在于背后隐含的解读实践的方式，"post-truth"中的"post"

---

① 《马克思恩格斯全集》第1卷，中共中央马克思恩格斯列宁斯大林著作编译局编译，北京：人民出版社1995年版，第358页。

指超越，即真相变得次要，这是对新闻真实性原则的轻蔑。当每个人都在网络事件和舆情发酵中感知自我，情感主导的舆论风向自然难以把控。即使公众的选择将在很大程度上取决于"愿意"相信谁，而非谁说的是"真相"，但新闻生产实践中还是应当时刻警惕事实的主观化。

张晨：对于曹老师提出的问题，我简单说一下自己的理解。首先，关于"什么是后真相"。我认为从哲学角度来看，后真相的实质是以主观建构的情绪性事实、想象性事实掩盖真相，让真相人为地缺场。目前，越来越多的哲学家倾向于对真相作共识论的理解，有学者主张后真相本质上是后共识。在一定意义上，我们似乎处在鲍德里亚（Jean Baudrillard）所说的虚拟和超现实时代。此外，我想把后真相的"真"放在与"善"和"美"同一个层面的范畴中去理解，后真不与"真"对立，根本上是"善""美"的缺乏。

其次，对于"新媒体的传播为什么会导致后真相"这一问题，我认为需要从供需关系出发来回答。职业新闻传播主体与受众之间是一种供需关系，职业新闻传播主体需要向受众提供真相。在新媒体环境下，原有的受众对于真相的需求与媒体对真相的发布这一良性的供需关系被终结了。从职业新闻传播主体的角度来看，他们的服务对象不再是所有大众，而是某些特定的社会群体。如果从受众的角度来看，大家好像越来越不关心事实，只关心对自我认定的公平的追求。

最后，关于"后真相的出现所带来的伦理问题"，我认为主要是社会信任危机。后真相思维表现为对专家、主流媒体的不信任，进而导致整个社会的价值观和道德观持续恶化。例如，社会上会有越来越多的人信任一些不该信任的人或事，或者越来越多的人不信任应该信任的人或事。对于这种生存环境，我们应该提高警惕，并去反思我们的言行是如何影响别人的，从而避免使自己成为被谣言和网络暴力操控的施暴者。

总之，处于后真相时代，个体作为传播的一环，每个人都该尽力分辨真相与谎言，谨慎发声。在《真相》一书中，科瓦奇等学者希望一个公民能通过六个步骤来识别真相，即当我们看到一个新闻的时候需要依次思考："1. 我碰到的是什么内容？2. 信息完整吗？假如不完整，缺少了什么？3. 信源是谁/什么？我为什么要相信他们？4. 提供了什么证据？是怎样检验或核实的？5. 其他可能性解释或理解是什么？6. 我有必要知道这些信息吗？"①尽管我认为在现实生活中，我们很难全然按照这六个步骤来思考，但是当我们发表言论时，最起码要做到对他人抱有善意和诚意，抱有诉求真相的态度。

陆玲：就当前社会而言，新媒体由主流媒体和自媒体两部分组成。我们经常能够在抖音、B站、快手、微信公众号等新媒体平台看到许多偏离真相的报道，这些报道可以分为两类。第一类是对立型的报道。对立型的报道会利用当事人之间的对立身份（如医生与患者的对立、富人与穷人的对立等）来激起群体之间的矛盾，进而引起社会层面的仇恨和敌对情绪。第二类是同情型的报道。例如许多媒体会大肆渲染妇女、儿童、老人等弱势群体问题，博取公众的同情，进而获得流量与收益。由此我认为，在后真相时代，很多新媒体所传递的新闻更像是一种投射，他们只是为了传递一种态度以引起民众的态度表达，让大家表达一种情绪，进而通过情绪传播来扩大新媒体的力量。因此，新媒体更注重语言的运用，而且后真相时代最可怕的一点就是当谎言被普遍传播时就会被误以为是真相，从而使真正的真相被掩盖。

后真相时代还涉及"无知"，一方面是因为个人知识的缺乏使其难以更好地分析事物的本质，从而被舆论的力量影响。新媒体的发展让大家表达欲望增加，从而使得道德相对主义的影响扩大，所以在同一新闻下会看到矛盾

---

① ［美］比尔·科瓦奇、［美］汤姆·罗森斯蒂尔：《真相：信息超载时代如何知道该相信什么》，陆佳怡、孙志刚译，刘海龙校，北京：中国人民大学出版社2014年版，推荐者序第3页。

与对立的评论。另一方面是因为我们没能获取真相，或者说由于信息污染、混乱，我们难以分辨真相而被迫"无知"。尽管我们可能无法确认所获取的新闻的客观真实性，但是我们可以选择独立思考，新闻工作者可以选择遵守自己的职业道德。

刘昂：我从"什么原因造成了后真相"这个角度来思考后真相。在我看来，后真相的出现与个体价值的膨胀和公关意识的萎缩具有重要关联。随着新媒体的信息传播，个体更加容易根据自身情感取向，选择性接受客观事实，甚而以自身情感取向作为道德判断的标准，从而忽视了公共价值要求。我们想看什么、想知道什么，或者说我们能够在自媒体时代获取什么样的信息，其实都是个人喜好或者说是个体价值判断的彰显。与此同时，我们也应对后真相时代保有审慎的乐观。后真相毕竟是基于"真相"的判断，反转也是向真相的趋近。这一方面意味着真相依然是人们普遍追求的善，另一方面也说明我们具有认识真相的能力和可能，而新媒体的信息传播在一定程度上能够为真相的呈现提供一种倒逼机制。

张燕：当前，传媒业正在经历着结构性的变化，也就是曹老师刚刚讲到的传播生态的改变，传媒学界把这种现象叫作传媒的"液化"。所谓"液化"，主要是指原有边界的消融，也就是传统媒介的形式、发布主体、发布方式、发布内容都发生了很大的变化，可谓是"万众皆媒，万物皆媒"。刚刚曹老师所讨论的"后真相时代"的语境，主要是针对受众而言的，与之相对，"传媒的液化"这一现象，主要是针对传播者而言的。

　　在我看来，尽管传媒的形式或者传播的内容一直在变，但是新闻的本质和传媒的社会功能始终是不变的。而我们作为青年伦理学者应该思考的是：在传媒液化的时代，我们该做什么？能做什么？如果要对这两个问题作出回答，我想就是要像曹老师这样用专业的力量去分析、去守护传媒的社会责任和伦理价值。这是我们青年伦理学者能够做的事情，也是应当去努力的一个方向。

主持人　总结点评

曹刚老师的报告为本学期的"应用伦理学前沿问题工作坊"提供了一种极好的参照。应用伦理学前沿问题的研究和阐释不能停留在或是将过多篇幅放在案例本身的呈现上，而应当更加注重案例背后的深度学理分析。曹刚老师关于"后真相时代的传播伦理"这一问题的分析，从解题、语境，到诊断、解决，无论是概念的分析还是问题的阐释，都体现了严谨的逻辑，不仅给大家提供了后续工作坊的示范和参照，也展现了什么叫作真正意义上的应用伦理学思考。

今天曹刚老师所提到的关于"应用伦理学是伦理学的当代形态"以及伦理学与道德建设之间关系的阐释，对于我们理解应用伦理学和伦理学理论之间、应用伦理学与道德建设之间的关系提供了极有价值的引导。在当今复杂多变的世界中，我们面临着各种道德难题，应用伦理学既具有传统伦理学理论和现实道德建设活动的不可替代性，又与传统伦理学理论和道德建设活动不可分割，这也正是应用伦理学研究的学术魅力所在。

第二期　辅助生殖技术的伦理困惑 *

主讲人：雷瑞鹏

主持人/评议人：王露璐

与谈人：张燕、焦金磊、黄伟韬、樊一锐、朱晓彤、王璐、史文娟、吕雯瑜、
侯效星、张萌、刘壮、范向前、陈静怡

案例引入

案例1：精子库的孩子

R是个女孩，她父亲脾气很坏，经常殴打她们母女。她觉得自己与父亲不像。她母亲去世时告诉她，她是通过借助精子库的精子出生的。她就执意要寻找她的"生身父亲"。她通过妇科医生的助手找到了母亲的病历，知道精子提供者是妇科医生在医学院的同学。于是她购买了医学院的年鉴，在学生照片中找到了一位与她相像的男学生，认为他就是她的父亲。她打听到他的信息，给他打电话，但对方知道她的目的后就立即挂断电话。她多次拨打电话，但都被回绝。最后一次，他还威胁要报警。她感到被抛弃一样。于是她到他家找他，他妻子说要帮她，因为她太像她女儿了。但是他坚决不肯见她，她只好离开。她觉得自己就出生在一个人多余的几滴精液中，自己的感情完全不被考虑，于是对"精子库"非常痛恨。

问题：对于人工授精的孩子，应不应该在他/她成年时告诉他/她真相？为什么？供精者是孩子的"生身父亲"吗？为什么？是否应该满足孩子寻找

---

* 本文由南京师范大学公共管理学院硕士生刘壮根据录音整理并经主讲人雷瑞鹏审定。

其供精父亲的愿望？根据以上讨论，是否应该在人工授精管理办法中增加条款？增加什么条款？

案例2：代理母亲

　　N市一对医生夫妇S结婚12年没有孩子。女方患多发性硬化症，不能怀孕。后来S夫妇找到一位代理母亲，她生过两个孩子，目前没有工作，其丈夫是清洁工，收入较低。于是他们用自己的精子和卵子做人工授精，由代理母亲生出孩子后给他们抚养。1996年3月27日，孩子M出生，S夫妇负担代理母亲怀孕期间一切费用，孩子交回时再给一笔费用。但不到24小时，代理母亲要求将孩子带回住一周。S夫妇同意了。后来代理母亲拒绝接受费用，把孩子留了5周。S夫妇告到法院，带法警去领孩子。代理母亲带着孩子从窗户逃走。S夫妇雇侦探花了3个半月发现孩子在代理母亲的娘家。S夫妇将孩子夺回，由他们监护。法院花了6周时间审理此案，在M一周岁时作出判决：代理合同有效，中止代理母亲与M的关系。代理母亲上诉至高等法院，法院于1998年2月3日即M两岁时判决：（1）代孕合同不合法；（2）M已经由S夫妇监护两年，为孩子利益计，监护权判给他们；（3）代理母亲仍是M的合法母亲，可以每周探视。

　　问题：M的母亲究竟是谁？是怀她的代理母亲，还是养育她的S夫妇？亲子关系应该如何认定？孩子出生后引起的争夺孩子的纠纷应该如何解决？代理母亲商业化是否应该？为避免这种种纠纷，代理母亲是否应该全面禁止？

主讲人　深入剖析

　　以"辅助生殖技术的伦理困惑"为题，我想借此让大家从哲学层面思考为何我们要不断地对辅助生殖技术进行伦理反思与追问。我们自然生育的过程，可理解为 chance，随着辅助生殖技术的介入，人的生育、生殖就变成了可以人为选择的过程，概言之，即"from chance to choice"。基于伦理学视角，当我们可以人为选择生殖方式后，伦理问题更加凸显。如今生殖方式的多样化不仅关涉选择，还涉及技术的问题，生殖过程转变为技术的控制。以上述两个案例为引，第一个案例是辅助生殖技术中较为基础的技术，而此技术的发展相应会产生诸如供精者与出生孩子之间究竟是何种关系、如何鉴定他们的亲子关系等伦理问题，附着在亲子关系上的权利与义务的归属等问题也需考量。案例中所涉及的"人工授精"技术在发展之初，精子库等发展还不完善的情况下，捐精者多为医学院的男生。基于当时的背景，"人工授精"出于利他的考量，处于非商业化的情境。当时的管理制度也会要求严格的匿名化处理，以保证出于利他目的的捐精者的生活免受困扰。但是在实际生活中会遇到很多挑战此种规定的事例，比如案例1，又或者以这种方式出生的孩子可能在成长过程患有如白血病等疾病，需要与遗传学意义上的父亲取得联系，那我们又如何面对这些规定？因此，我们需要对此进行前瞻性的考量和伦理学意义上的思考。除此之外，我们还需思考无偿捐献（献血与捐献器官等）是否存在道德上的差异？若存在差异，与之相关的管理办法也要进行调整。比如与捐献器官相比，捐精后会有孩子出生，尽管捐精是无偿利他的行为，但是否在一定程度上需要捐精者承担相应的责任呢？这些都需要考量相应的管理规定。第二个是关于代孕的经典案例。代孕母亲和孩子之间是否存在亲子关系？究竟谁是孩子的母亲，是怀她的代理母亲，还是养育她的医生？亲子关系如何界定？为人父母的基础为何？在传统哲学中，我们不会对上述这些不证自明的概念进行讨论，且在自然生育的情况下，生育与养育的角色是一体的。但如今的生殖技术让这两种角色分离，这就需要我们对过去不证自明的概念进行伦理分析。因此，代孕最重要且最基础的问题即为亲子关系，特别是对孩子母亲的界定。在伦理学意义上，不同类别的代孕是否可接受、是否会获得道德辩护，都需要我们进行进一步的分析与论证。

首先，对辅助生殖技术进行概要性的介绍。应用伦理的讨论可被视为跨学科的研究。其重要的前提就在于要基本掌握技术发展现状和科学研究状况。生殖技术根据不同的目的可分为两种，一类是将生殖从性分开，以达到生育控制（birth control）或生育调节（fertility regulation）目的的技术（如：避孕、人工流产、计划生育）；另一类是将性从生殖分开的技术，即辅助生殖技术（assisted reproductive technology，ART）。辅助生殖技术主要解决不育问题，在其发展过程中也被用于解决出生缺陷和选择性别问题（植入前遗传诊断，Preimplantation Genetic Diagnosis，PGD）。所有技术的发展都源于对某种需求的满足。二战后，人的不育问题在恶化，特别是精子数量减少和女性输卵管堵塞问题增多。这威胁到一大批人的生殖权利和家庭幸福。尽管提前预防是很重要的，但预防并不能解决所有不育问题。领养看似是最好的解决办法，但不是所有人、所有家庭都能接受，尤其是在不同的文化背景下。因此，还存在着尽量有自己生物学意义上的后代这一需求。

人类辅助生殖技术是指运用生物医学技术和方法对配子、合子、胚胎进行人工操作，以达到受孕目的的技术，分为人工授精和体外受精—胚胎移植技术及其各种衍生技术。辅助生殖技术主要包括：人工授精、体外受精、胚胎移植、卵精子和胚胎的冷冻保存、配子输卵管移植、代理母亲、单精子卵胞浆内显微注射、植入前遗传学诊断助孕、无性生殖或人的生殖性克隆等。我们知道自然的人类生殖过程由性交、输卵管受精、受精卵植入子宫、子宫内妊娠等步骤组成，现在辅助生殖技术可以实现代替上述自然生殖过程某一步骤或全部步骤。现在我们的生殖方式选择多样化，比如性交—妊娠方式；用丈夫的精子对妻子进行人工授精（artificial insemination by husband，AIH）；用供体的精子对妻子进行人工授精（artificial insemination by donor，AID）；用丈夫的精子在体外使妻子的卵受精、发育成胚泡后植入她自己的子宫；用供体精子在体外使妻子的卵受精、发育成胚泡后植入她自己的子宫；用丈夫的精子在体外使供体的卵受精、发育成胚泡后植入妻子的子宫；用供体的精子在体外使供体的卵受精、发育成胚泡后植入妻子的子宫；用丈夫或供体的精子在体外使妻子或供体的卵受精、发育成胚泡后植入另一个妇女的子宫；把胚泡从供体转移到受体子宫中（产前收养）；用人工胎盘在子宫外发育，也称体外发生；无性生殖，即将卵中的核取出，然后将体细胞的核移植，发育成胚泡后再植入某一母体的子宫（如克隆人）；孤雌生殖或孤雄生殖，即从单个性细胞生出一个完整的机体等。

尽管这项技术成功率在不断提高，但是仍然存在着诸如对科学、医疗服务、医务人员和社会的挑战。对科学的挑战，比如为了提高成功率，会进行多胎的妊娠等；对医疗服务的挑战在于面对辅助生殖技术这一医疗服务，如何进行医疗资源的分配；对医务人员的挑战主要表现为如何增加透明度、如何自律与如何监测等；对社会的挑战，比如如何正确处理科学家、公众、媒体之间的关系，如何对待意识形态和宗教信仰方面同新技术之间的冲突，如何做到受益最大、伤害最小等，同时还会关涉社会性别问题等。

其次，聚焦于辅助生殖技术的伦理问题的探讨。辅助生殖技术的伦理问题主要表现在自主选择，最佳利益，第三方的介入，商业化，胚胎、胎儿和尸体的利用以及服务分配的公正等方面。比如，家庭关系和亲子关系如何界定？商业化代孕等是否能够得到伦理上的辩护？在卵子稀缺的情况下，技术上可以实现诸如从刚去世的女子尸体中提取卵子，但是否应该这样操作？孩子的生身母亲如何界定？辅助生殖技术是种医疗服务，那么我们如何对当下的医疗卫生公共资源进行分配？时间关系，我将主要集中于前两个问题的伦理争议以及相关基本概念进行辨析，并和大家分享国外围绕此类伦理问题的讨论。

关于自主选择的问题，其实就是我们如何理解生育或者生殖的问题。这样一种生育的选择、生殖的选择或者生育权，我们应该如何界定？它是积极还是消极意义上的权利？我们是否应该拥有这种权利？国外关于此问题的讨论较多，即如何看待作为个人自主选择的"生育自主"？生命伦理学的基本原则之一为"尊重人"，"尊重人"其实就是尊重个人的自主选择。但是这种个人的自主选择并不是无限制的，而在何种情况下要加以限制等问题需要我们在实践过程中反复考量和反思。国外也曾对"自主性"和"自由"的概念进行比较，自由（freedom）强调个人的一种能力，即我们做或不做这件事的能力；自主性（autonomy）更强调我的生活或我关于生活的规划等不受他人的干预、操纵和控制的状态，这种状态涉及行动与选择，尤其是选择。比如在一些国家，在没有外人强迫和威胁的情况下，有些人自愿买卖肾脏，这是否就意味着是一种自主的选择呢？当然不是，由于社会并没有提供除此项选择之外的其他选择，这种看似自主的选择便不是真正意义上的自主选择。自主选择包含着做决定的能力和对自主性的某些限制，比如我们熟知的密尔的"伤害原则"，即个人的自由、自主选择不能干预、影响到他人的自主选择。除此之外还有家长主义的限制，如果政策对辅助生殖技术和个人自主选择加以限制的话，我们可以为此辩护什么？自主选择还可区分为基础的自主（Basic Autonomy）与理想的自主（Ideal Autonomy）等。

关于"生育自主"，主要有两个代表性的理论流派进行探讨。于社群主义/共同体主义而言，生育自主不是从个人权利的视角来界定的，而是我们每个个体作为共同体中的成员赋予作为共同体生活方式的一部分以意义。而自由主义反对任何对个人的干预，唯一接受的限制就是"伤害原则"。这就表明自由主义认为在基础的限制条件下，我们达到生育目的的任何手段都是允许的，比如代孕所涉及的各方都是无外在操控、自由达成同意的，因此在道德上就是可辩护的。具体到生殖技术本身，涉及自主选择的问题有：妇女是不是在压力（丈夫、家庭）下被迫来接受辅助生殖技术？不能采取自然生殖者（单亲、未婚者、同性恋者）有没有寻求辅助生殖的权利？在什么情况下这种权利能被接受或需要受到限制？能否以年龄、婚姻状况、性偏好等理由加以限制？对个人而言，我们能够自主选择什么？当有些诊所等根据个人偏好进行选择时，我们能否在伦理意义上对此进行辩护？生殖技术与基因技术结合在一起所带来的选择是否可辩护？何种真正个体的自主性是可能的和实际的？对于上述此类伦理问题，我们除了思考伦理辩护与限制理由，还需考量程序伦理的问题，因为从第一例试管婴儿的诞生开始，我们就已经聚焦实质伦理的问题进行探讨。因此就目前而言，实质伦理的问题相较于程序伦理问题而言并不突出。

　　关于最佳利益的问题。辅助生殖技术的独特之处在于当事人的选择会影响到未来要出生的孩子，其中会涉及对当事人的最佳利益与对未来孩子的最佳利益的考量。由谁判断、如何判断一个孩子最好出生还是不出生？对未来孩子的最佳利益的思考是较难的问题之一。除此之外，还有非同一性论证上的难题，比如我们以"选择没有遗传病的孩子"为例：一对黑人夫妇均为镰状细胞病患者，他们想要一个健康的孩子，但又由于宗教信仰关系不愿意在产前诊断后进行人工流产。于是医生将他们的精子和卵细胞分别取出后进行体外受精，在获得8个细胞的胚胎后检查其细胞是否带有镰状细胞病的基因，将完全健康的胚胎植入女方的子宫，结果分娩出一个完全健康的孩子。关于选择，人们常用的辩护理由为，一定概率下，未出生的孩子有患某种遗传病的可能，当事人为了孩子的最佳利益选择不让其出生。但是我们可以看到，此论证存在的问题就是，没有把可能患病的胚胎植入子宫当中，他根本就没有出生，就变成了非存在，如何界定非存在的最佳利益就是我们需要思考的问题。有关非同一性论证的难题，目前有许多论证路线。其中有一种路线从人类整体视角给出论证，持这一观点的人认为产前诊断等技术如允许胚胎筛选的技术背后所传递的，或者我们进行道德辩护时的隐含前提是，这些缺陷或者患有遗传病、残疾是糟糕的，因此，这样的生命就是不应该存活的。当有了这种筛选后，可能会有越来越多的人选择这种服务，但如果越来越多的人作出这些选择，它就会产生累积效应，进而产生类似于性别选择的问题，从而加剧对弱势群体的偏见和歧视。当然，也有可能会改善偏见和歧视，这都是我们需要思考的问题。

另有一种视角直接聚焦胚胎筛选。比如牛津大学哲学家帕菲特（Derek Parfit）举了一个例子：假设玛丽已怀孕，但在妊娠的早期阶段她没有意识到自己已怀孕，于是服用了某种治疗疾病的药物，而此药物可能会导致胚胎有残疾，此时玛丽应该怎么选择？帕菲特（Parfit）的立场是：如果玛丽决定生下这个孩子艾米，那么尽管玛丽的一些不当行为是错误的，但是玛丽对于艾米没有做任何错误的事情。费恩伯格（Feinberg）认为恶或伤害之所以合理，是因为它是更大的善的必要条件。比如为了得到更大的善（孩子出生），你所做的错事是可以获得辩护的。这和帕菲特的观点比较一致。谢夫林（Shiffrin）认为从道德上讲，伤害他人以使其免受更大的伤害与伤害他人以施加"纯受益"是截然不同的。比如截肢救命，截肢是为了将患者从更大的伤害（死亡）中解救出来，其中涉及纯受益（pure benefit）这一概念。纯受益由谁来界定呢，特别是当一个孩子还未出生时，应该如何判断出生（birth）是不是"纯受益"？除此之外，也有学者对谢夫林进行了反论证，比如有人可能会质疑生命纯粹是一种福利的假设。如果存在（existence）可能不可避免包含某种形式的伤害（harm），那么让一个人出生和存在就总是错误的，我们如何判断一个人究竟应该出生还是不出生？这值得我们进行更加深入的探讨。还有一些更为激进的观点，比如哈里斯（Harris）认为父母有强烈的道德义务防止未来出生的孩子受到可避免的伤害。弗里曼（Freeman）提出今后可能需要讨论是否应该让人在具有了自然生育孩子的某些最低条件时才能进行自然生育。珀迪（Purdy）认为一个人不应该生育，除非他能确保自己的孩子将有体面的生活。

在辅助生殖技术日渐兴起之时，我们怎么来理解"父母"（parenthood）这个概念？阿查德（Archard）提出，为人父母通常伴随着权利和责任（权利以履行责任为条件）的产生，可理解为当我们考虑为人父母这个概念时，不仅是考虑父母应该有什么样的权利，更重要的是考虑要承担什么样的责任。蒙塔古（Montague）认为应该把儿童利益放在生育权的中心位置来考虑。布坎南（Buchanan）提出，随着目前我们选择的增多，我们的考量也应增多，我们需要思考我们应该创造什么样的孩子，什么样的孩子是被允许出生的。

除了界定"生育"的道德性质，我们还需要基于亲子关系的特征，思考如何界定父子关系或者母子关系。目前也存在不同的立场和观点。一类观点是从传统的遗传关系的视角来理解，认为遗传关系是为人父母的基础关系。一类观点强调孕育关系，认为孕育关系是首要的，特别是作为母亲。这种观点类似从女性主义的视角思考，即认为父亲的概念附属于母亲的概念，对于"父亲"的理解建立在孕育孩子的"母亲"的概念的基础上。一类观点从意图（intention）的角度理解，认为有很明确的养育孩子的意图是为人父母的基础，养育孩子的意图最重要。还有一类观点从因果的角度理解，认为只要你是孩子出生这个环节中的一环，孩子的存在就足以带来父母对这个孩子的权利和责任。这也会产生很多问题，比如一个极端的例子，即一对夫妻去诊所做冷冻生殖，但后来这对夫妻离婚，那又该如何处理？因此，尽管这些技术已是较为熟悉的实践，但仍需对这些技术所涉及的相关概念的分歧与争议进行辨析与讨论，同时也需要对这些概念进行哲学层面的论证，对存在的实质伦理问题和还未很好地完善、解决的程序伦理问题进行深入探讨。

以上就是我的分享，期待能和大家有很好的交流与互动。

问答环节

黄伟韬：关于雷教授提到的我们是否应该将基因技术与辅助生殖技术相结合的问题，在我看来，基因增强可能会招致指责，即认为此举会破坏社会公平正义。在自然生育的情况下，即使胎儿在基因上不够完美，但由于没有人为干预，因此符合机会平等的原则。同时，社会可以通过再分配的手段对这些基因原因导致的先天弱势人群进行补偿。与之相对，如果我们将基因技术与人工辅助生殖技术相结合，进而提供商业性质的基因增强服务，这似乎会加剧社会不公——即富人在基因上会越来越完美，而普通人在基因上则会越发平庸。一方面，富人由于占有巨额财富，所以可以选择更加全面的基因增强服务，这意味着他们的子女在基因上占据先天优势；另一方面，普通人与穷人可能难以负担基因增强服务，只能听天由命，这也意味着他们的后代可能面临基因缺陷的风险。对于后者而言，我们不禁会问，他们的后代是否应该注定平庸？

雷瑞鹏：这些问题目前尚存争议，但对这些问题的探讨与反思依然很有意义。伦理学的思考更重要的在于进行一些前瞻性的考量。就目前而言，我们可以合理地推断这些基因技术会和生殖技术结合在一起。我们会发现，随着技术自身发展的逻辑，技术必然会创造出新的需求，伦理学的前瞻性要求我们去思考这种需求是否应该被满足。比如2018年的"基因编辑婴儿"事件，滥用技术的科技工作者也受到了舆论的谴责和相应的惩罚。为此，我们应当在学术探讨和与公众的对话中，形成我们可能的价值共识。事实上，针对你刚才提到的问题，国外不同学者已基于不同的立场给出自己的观点。有些学者认为我们现在既然拥有这些选择，为什么不去拥有一个更好的孩子呢？也有些学者认为可以从社会政策层面进行调整，即使存在个人选择的累积效应，也不能因为弱势群体会受到更多社会歧视而限制个人选择。我们可以通过对不同理论进行深入分析，选择更具有理论说服力的论证。

樊一锐：针对您所提的两个案例，我认为辅助生殖技术可被视为一种替代方式与一种新现象的必要条件。我给案例1起名为"'无'父带娃"。事实上，即便没有辅助生殖技术，"'无'父带娃"也可以发生。此时又可分两种情况分别进行探讨：一种情况是辅助生殖技术在传统的手段之外提供了另一种发生路径，此时可以认为使用辅助生殖技术的"'无'父带娃"与传统的"'无'父带娃"方式没什么区别，没有造成价值冲突，在实质伦理的意义上不需要讨论。另一种情况是辅助生殖技术的使用让"'无'父带娃"更容易发生，那么此时辅助生殖技术也仅是发挥了工具作用。因此，我认为在这种情况下，我们更应该关注"'无'父带娃"这件事本身，而非辅助生殖技术。而案例2中，辅助生殖技术是作为一种新现象的必要条件，这件事发生的缘由是有人自己缺乏生育能力却想要孩子。传统的解决方案有两个，一是收养他人的孩子，二是"借腹生子"（比如丈夫与"代孕母亲"生孩子后由丈夫与其妻子"收养"孩子）。我认为在这两个案例中，辅助生殖技术似乎都发挥了正向的作用。

关于非同一性论证，我认为它是存在问题的。假设作为正常人，一个人肢体发生残疾或者人体内细胞更新换代，都不会影响到自我同一性，只有记忆与意识才会影响人对自我同一性的认知。由此，在人类意识产生之前，谈论同一性问题是没有意义的。刚才您所讲的非同一性论证中谈到"出于胚胎利益的考虑"，但是我认为这种说法在自我同一性研究框架内可能无法成立。因为胚胎没有意识，也不能被视为"人"。如果非同一性论证想要成立，我觉得它需有两个假设，即首先假设人有灵魂，其次假设不同的灵魂绑定不同的胚胎，只要胚胎变化了，绑定的灵魂就会随之变化，由此才会有不同胚胎发育而成的是"两个不同的人"这种说法。

雷瑞鹏：人工授精和体外受精，特别是前者，技术已是非常成熟，二者都不是非常复杂的技术，且应用时间较长，较安全。非同一性论证的难题并不是赋予胚胎人格身份或是人格身份的界定，而是面对没有出生的孩子，在两个胚胎中，我们应该作何选择。这里更多地是存在论证上的难题。

樊一锐：我认为面对两个胚胎，选择"更好"的那个就好，一方面有利于胚胎之后的发展，另一方面在胚胎产生意识之前并不存在利益问题。

雷瑞鹏：这里需要说明一下，我们所说的最佳利益，考虑的是未来出生的孩子的利益，这就是难题所在。我想告诉大家的是，关于胚胎筛选还存在着很大的伦理争议。胚胎筛选中，是否患有遗传病是概率问题。另外，尽管选择了好的基因，但因为后天环境的影响，也可能会发生基因突变。这就需要我们思考：我们的价值共识是什么？我们究竟想要生活在何种社会？

黄伟韬：关于这个问题，我们是否更应该关注当下社会中可能在竞争中处于弱势的群体，而非自作主张地认为基因可以改变一切？

雷瑞鹏：我觉得问题的根本在于，我们究竟需要一个什么样的社会。

焦金磊：我发现已经没有更好的方法继续以某种生物学事实来界定父母与子女之间的道德关系。当这些技术可以将人类生育环节进行拆分与重组时，我们能否独立于生物学事实之外，赋予父母与子女关系以某种道德含义？之前有关父母与子女之间社会关系的道德论证是基于感恩论，具体来讲：一是基于血缘，二是基于父母的养育之恩。感恩论最初被用于公共领域，自洛克后，人们认为这并不适用于公共领域。经过今天老师的分享，我们是否可以认为感恩论同样不适用于家庭领域呢？如果是，那在私人领域关系上，我们应该采取怎样的道德视角？

雷瑞鹏：我觉得我们想要探讨、解决伦理争议时，需要先关注基本概念。比如亲子关系原是不证自明的概念，但随着技术的介入变得混乱和模糊不清。目前，我认为对于基本概念，有时恰恰需要通过这种讨论来达成价值共识，给出前提性的预设。过去在私域关系中可能得到辩护的家长主义，在公共领域则是十分谨慎的，现在更为复杂。有些主流的观点看重的不再是传统的遗传关系、孕育关系，而是意图（intention）。我们需要对亲子关系的道德含义进行更深入的理论层面的探讨与分析。

张燕：我感觉可以从身份认同的角度看待刚刚金磊所提的问题。尽管当下我们遇到诸如亲子关系的困惑时会觉得凌乱，但身份认同归根结底是观念的问题，而人的观念是可以改变的。随着技术的发展，人们在逐渐接受技术的过程中，对于身份认同的观念也会随之发生变化。举个例子，在现代社会中，男女双方都是独生子女时，孩子对长辈的称呼已经跟传统社会不完全一样，很多孩子称自己的外公外婆也为"爷爷""奶奶"，并且这种做法得到了很多人的认同，人们认为这对双方家庭来说都是公平的、可以接受的。这种称呼变化所折射的意义在于，随着新技术的产生与发展，人们对身份认同的观念也会发生变化，这不是一种硬性规定，有时是运用此技术的人慢慢发展成的某种价值共识，因此，我认为可以对此持乐观态度。除此之外，我觉得在辅助生殖技术运用中所涉及的权力控制、分配正义以及治疗与增强的关系等问题更值得我们关注和思考，尤其要对此进行伦理方面的思考，让伦理学介入，做到伦理先行。

雷瑞鹏：首先我比较赞同张燕老师的观点。我认为我们需要关注和考量的仍是程序伦理的问题，即如何应用的问题。与亲子关系有关的问题不仅涉及称呼问题，还涉及以价值共识与价值判断等为基础的诸多伦理问题和法律问题。我们需要对亲子关系进行认定，因为它关乎人们的权利和义务，比如单身女性选择冻卵，我们基于何种理由赞成或反对？这都需要对亲子关系进行清楚的界定。

张萌：其实我们无法确定哪种生活、哪种基因对未出生的婴儿是好的或是不好的，所以我们做的任何筛选都没有具体的现实支撑。我们不过是基于过往的经验，把已经被证实为不好的因素尽可能地剔除。在这种情况下，如果我们说患有某种疾病的小孩最好不要出生，以免生下来受罪，表面上看似是基于儿童利益作出有利于儿童的选择，本质上却人为地将世俗意义上的弱者排除在生活之外。因此，辅助生殖技术需要讨论权利问题，即究竟什么样的人有权进行自主选择？辅助生殖技术源于人们自己对"幸福"的"美好"追求，除了那些无法自然孕育的人群，其他人寻求辅助生殖技术的目的在于希望通过金钱买卖，以一种轻松且有效的方式满足自己的欲望，其中必然存在不关心他人生命尊严的现象，即只把自己当作目的而把他人当作手段，如此不良善的思想是辅助生殖技术乱象的诱因之一。我们在讨论辅助生殖技术的伦理困惑时，好像只把人视作抽象的人，而不是现实的人、活动的人，当我们说"伦理先行"的时候，是否将之抽象化了呢？

雷瑞鹏：在科技时代，我们需要了解研究技术的基本现状，这对我们做伦理分析很有必要。夫妻寻求辅助生殖服务的自主选择和未出生孩子的最佳利益之间有内在的张力。现在普遍的情况以及未来的趋势是，越来越多的人将不加限制的权利交给想要生育的夫妻。按照这样的论证逻辑可以推断，基因技术和生殖技术的结合让夫妻想要一个从来源上更具竞争力的孩子变得完全可能。这是否合理？因此，我们要对自主选择和最佳利益进行权衡，包括对技术进行规范和引导，比如是否应该将结合的基因技术和生殖技术用在基因增强上？是否应该鼓励基因增强？这些都是辅助生殖技术带来的新的实质伦理问题，我们需要进行前瞻性论证，给出具有说服力的结论与方案，为今后政策的制定提供伦理学方面的辩护。因此，你所说的问题倒不是说我们只关注抽象的人而忽视现实的人，而是当我们在考量辅助生殖技术时，它确实是这样的。我们的选择与判断针对的是将要出生的人，这也是此伦理问题的特殊之处。

史文娟：我比较赞同张燕老师的观点。这让我们重新反思"父母"的身份问题。在传统意义或者法律意义上，我们对于"父母"的定义更倾向于社会学与生物学意义上的统一，但是辅助生殖技术的出现打破了这种统一，让我们更加关注社会性本身。不管是供精者还是代理母亲，他们都是生物学意义上的父母，并不是社会意义上的父母。而"身份"不仅涉及个人认同，还关涉社会认同。因此，对于辅助生殖技术造成的这种身份的割裂，根据雷老师之前提供的参考资料，我认为可以从两方面予以解决：一方面在于张老师所说的观念问题，另一方面则侧重于"父母"的社会性。同时，我们还应关注儿童利益的最大化。我们在进行选择时，应以儿童的幸福为目的，而非仅仅满足父母自身的需要——想要一个孩子，亦不是将孩子商品化。除此之外，我们还需要考虑辅助生殖技术的使用带来的正义问题和边界问题等。

雷瑞鹏：我们要注意对伦理的讨论和现行的法律法规要有所区分。比如《安提戈涅》其实就是在讨论这个问题，城邦的法律和自然法究竟哪一个更为根本？人为制定的法律都是可以修订的，但修订的基础是什么？其实很多时候就需要我们伦理上的讨论和论证。法律对亲子关系的界定是基于传统意义的自然生育所形成的价值共识，它显然已不再契合现有的各种辅助生殖技术。

朱晓彤：我个人的看法可总结如下：首先，基因编辑、基因选择带来基因多样性的风险。因为基因选择是基于一定群体价值的，在此价值基础上，许多人会倾向于选择某些基因，但也因此淘汰一些基因，长此以往，会不会导致一种基因多样性的风险？如果导致人类生殖能力的下降，又该如何处理呢？其次，技术对家庭伦理带来的挑战和改造，可能更有利于人与人之间和谐关系的构建。人具有社会性，生活依赖一定的群体，家庭是人生活的最基础单元，辅助生殖技术对家庭中亲子关系的冲击最为强烈，它的优势与风险并存。在合理的家庭伦理调适下，规避弊端、充分发挥优势会有利于解决人与人之间的隔阂问题。现行的亲子关系基于生理和感恩，亲疏明显，是一种竞争性和排他性相对较大的关系。辅助生殖技术之下，人与人之间可能不再基于生理和感恩确定亲子关系，而是基于关怀，人在一定群体内互相关怀，有利于更广泛地在人与人之间建立合作关系，实现人类群体的和谐发展。需要注意的是，实现这一和谐发展必须重新建构一套与辅助生殖技术配套的家庭伦理，解决如子宫母亲和遗传母亲争议、生理遗传、近亲关系处理、基于何种目的的人可以通过技术生殖一个孩子等问题。最后是当下的现实问题，假如单身男性想通过技术生殖一个孩子，他们的审核是否跟女性有差别？在目前"人造胎盘"技术尚未成熟的情况下该怎么处理？

雷瑞鹏：对于第一个问题的相关讨论需要以充足的科学证据作为支撑，但是目前在没有强大的科学证据的情况下，我们可以作一些推断，比如今后在筛选特定基因时，必然会对基因多样性产生影响。关于什么是好的基因、什么是坏的基因，目前并没有一个绝对的标准。我们可以发现很多基因多效性的例子，比如有些情况下，当你携带了此种基因，你会得细胞贫血症，但是有些情况下，携带此种基因会让你避免患疟疾。而且目前我们对基因的了解和研究非常有限。同时，我们需要思考，当我们制造（design）一个宝宝时，他还是一个孩子吗？在我们的价值共识中，我们可以接受吗？这些都值得我们去深入思考。随着生殖技术的介入，单一的细胞就可以产生精子或卵细胞，生育越来越不需要靠两个人就可以完成。现在有些国家在研究"人造胎盘"，如果"人造胎盘"成功，也会带来很多挑战。除此之外，实践中的问题会带给我们对根本性概念的反思。

吕雯瑜：人类辅助生殖技术发挥作用的同时，引发了对科学、医务人员、使用人群甚至社会的伦理挑战，产生了不容忽视的伦理问题。我将这些问题分为三个层面：个体、家庭、社会。个体层面的伦理问题包括胚胎及配子处置不当、使用者及子代健康受到伤害、人为制造"最佳婴儿"。家庭层面的伦理问题包括传统婚姻家庭受到冲击、家庭人伦关系遭受挑战。社会层面的伦理问题包括生殖细胞商业化、引发近亲结合的危险、男女性别比例失调。因此，技术的进步并非都如科学家们当初想象的那样完全造福于人类。人类辅助生殖技术究竟是新时代的曙光，还是潘多拉魔盒？另外，什么是道德的？这是所有科学家都要面对的问题。如果在一个婴儿还不能决定自身命运的时候替他作出决定，但又无法替他分担可能面临的风险，这是否道德？对人类胚胎进行基因编辑，是不是一种将起跑线提前到受精卵阶段的威胁？如果父母拥有更多的财富、权利，那将意味着他们的孩子有更多的机会"编辑"选择更美好的特质。换个角度说，辅助生殖技术是否都能够因为技术的可行性而被普遍接受呢？我们应该如何解决人类辅助生殖技术带来的伦理问题呢？我认为要秉承并遵循"不伤害原则"，从而规避风险。人类辅助生殖技术作为一项具有高难度、大风险、低成功率的医疗技术，在使用与实施的过程中难免会对患者的身体和心理造成伤害，并进一步对患者家庭、社会造成影响，从而导致相关伦理问题产生，所以需要在技术的使用与实施过程中秉持并遵循"不伤害原则"。

雷瑞鹏：这让我们思考与胚胎研究的相关问题，比如我们究竟应该怎样界定胚胎的本体论地位和道德地位？胚胎虽然不是完全意义、人格意义上的人，但是成为人格意义上的人一定是要从胚胎阶段开始发育。这些问题需要我们对相关概念进行深入的辨析。同时在现实社会中，有些人会欺骗女性接受促排卵以达到捐卵的目的，这其实是有潜在风险的，值得我们警惕。

侯效星：我个人对于辅助生殖技术及其现状持乐观态度。老师、同学们刚从公平、分配、正义与身份认同等角度进行了深入探讨，我尝试从辅助生殖技术的刚需人群去讨论。传统意义上，为了种族、家族、生命后代的延续，自然孕育亦是自然而然的事情，但正如一档纪录片《奇妙的蛋生》所呈现的，会有许多不孕不育人群踏上一条求子之路。随着科学技术的发展，我们看到很多家庭因辅助生殖技术而喜悦。但在实际中，由于受到辅助生殖技术的治疗费用高与认知差异大等因素影响，辅助生殖技术部门并未出现门庭若市的现象。结合以上分析，我认为对于辅助生殖技术的伦理现状，我们可以持冷静的态度，当然困惑仍需警示，因为它正打破我们千百年来默认的自然孕育状态。辅助生殖技术可能会带来诸如弱化夫妻关系与疏远子女关系等挑战，这会长久地伴随我们。但正如我刚刚所说的，有很多人需要借助辅助生殖技术实现拥有孩子的愿望，对这一类人我们要给予宽容和理解。在不断的伦理探讨中，无论是程序伦理还是实质伦理，我们要追求的是在不断辩证的过程中，最后达成一种价值共识，即随着法制和社会的进步，辅助生殖技术会逐渐与我们的伦理要求和价值观念达成一致。

雷瑞鹏：我们现在对于常规的辅助生殖技术，如人工授精、体外受精，主要探讨的是程序伦理问题，而不是应不应该做的问题，因为它已经是一种常规化的临床实践。但是，我想要提醒的是，在这项技术的应用过程中，还存在应该如何做的伦理问题。辅助生殖技术会有新的发展，如它与基因技术的结合会引发新的实质伦理问题，这要求我们进行前瞻性的考量，包括对人工授精或体外受精的配子的新来源等问题的思考。这样，一些新的实质伦理问题需要我们继续关注、分析与反思，而不是简单地讨论一下即可，它有太多新问题值得我们持续关注和研究。

王璐：对于今天雷老师讲到的"自主选择"与"最佳利益"之间的张力，我有一些自己的理解。父母选择将哪些基因排除在外，是基于他们当前的价值观念。就像福柯（Michel Foucault）所说，我们现在将"精神病患者"视为"他者"而排斥，但是向前追溯，被视为"他者"的不是"精神病患者"，而是"麻风病人"。因此，现在我们所排斥的基因，在未来社会是否也一定会被排斥，这是值得商榷的。如果父母的"自主选择"能够得到道德辩护，辩护的理由应该是出于"底线"而不是"更好"。具体来讲，如果这个基因可预见地会导致孩子在出生时死亡，或者在未来生活中伴随着难以治愈的严重疾病，那么父母选择放弃携带这个基因是可以得到辩护的。但是，如果父母为了获得自己喜欢的基因而进行自主筛选，则是难以得到道德辩护的。

雷瑞鹏：技术会越来越强化准父母自主选择的权利，这更需对两者进行权衡。通过这位同学的阐述我想到另一个案例。在美国，有一对天生耳聋但生育能力没有问题的夫妇，他们为筛选胚胎而到医院做辅助生殖，他们想要筛选出带有耳聋基因的胚胎而非正常基因的胚胎。这对夫妻认为这样的孩子更符合他们的家庭，因为他们已经形成独有的文化。那这些父母的自主选择是否可以得到辩护呢？另外，有一个很重要的论证是给孩子一个开放的未来（open future），但其中也涉及很多问题，这些问题确实值得我们思考和讨论。

刘壮：其实刚刚雷老师所举的"聋哑夫妇"的例子，也是桑德尔（Michael Sandel）教授在《反对完美》（*The Case against Perfection：Ethics in the Age of Genetic Engineering*）这本书开篇所引用的一个例子①。桑德尔举此例是为了反对一种人造的完美，比如我们希望自己的孩子更强壮、更美丽等，以便他们在今后的竞争中取得更大的优势。但实际上这种主观的目的会产生一些适得其反的后果，甚至是一种负面影响。在此基础上，我认为无论是辅助生殖技术还是基因编辑技术都需要明确技术的功能定位，技术究竟是为了保护人还是为了增强人？在我看来，保护人内含一种对人的关怀伦理，增强人却有着对"人造完美"的追求，我们应该支持前者而拒绝后者。前不久一则关于明星代孕的新闻让我比较关注"代孕"问题，一方面代孕商业化明显是不被允许的，因为它冲击着人的内在价值，对妇女的社会地位造成不利影响；另一方面它过分强调市场化逻辑而忽视人的内在尊严，进而造成道德滑坡与强者对弱者的剥削等消极后果。但不可否认，社会中确实存在无法生育的人，而代孕可以实现这类人有自己孩子的愿望。在这种矛盾之间，如何权衡利他主义与利己主义、金钱与德性？中国在"代孕"这一政策的制定与实施方面又会走到哪一步？

雷瑞鹏：这需要我们思考"人的本质"。向往完美是人潜在的追求，但人的本质究竟是什么呢？其实我们更加应该认识到人的脆弱性、有限性和依赖性。伦理论证不同于逻辑论证，后者只论证真与假、有效与无效。我们可以说这个行动通过伦理论证有三种结论：应该去做的，禁止去做的与伦理上可允许的。其中，我们很难得到前两种结论，大多数情况下得到的是第三个结论。而"伦理上可允许的"情况更为复杂，原因是它需要进一步论证在何种情况下是可允许的。我推荐大家读下汤姆森（Thomson）的《堕胎的辩护》（A Defense of Abortion），她从最保守、极端的反对堕胎的人的观点前提入

---

① 参见[美]迈克尔·桑德尔：《反对完美：科技与人性的正义之战》，黄慧慧译，北京：中信出版社2013年版，第3页。

手，展开自己的论证，这恰恰是我们应该学习的论证方法。

陈静怡：我认为，对于脱离人体后就具有伦理物属性的胚胎来说，除了要保护物权，还要保护其潜在的人格权。伦理学研究的是"人"的问题。康德认为，在道德律作用的范围内，人是自由的，可以选择和决定自己的生活。辅助生殖技术在很大程度上保障了人的生育权，但孩子究竟是否有权利寻找自己的遗传学父亲？捐精者又是否对孩子负有责任呢？据我了解，在美国，精子库允许供精者公开个人信息，在与医生沟通之后，可以对一些冷冻精子进行订购和邮寄。在交易的过程中，捐精者一般匿名，但是孩子会从抚养父母那里得到自己的信息，并会寻找自己的"生身父母"，①这也对目前的保密工作构成了挑战。如果寻找成功，会对捐赠者的日常家庭生活以及财产分配方面产生负面影响。从保护捐精者个人尊严和防止捐精者要求家长权利的角度来讲，应当对捐精者的信息采取更严格的保密措施。对于脱离人体具有伦理物属性的胚胎来说，除了保护其物权，还要保护其潜在的人格权，因此必须完善禁止商业化代孕的相关法律体系，促进社会公平。

雷瑞鹏：我们怎么来界定胚胎这个实体？对于这个问题的研究，学术界目前持有不同的观点，比如有学者认为其介于细胞团与完全人格意义上的人之间。我们对胚胎、干细胞的研究，今后可能有助于根治某些疾病，那么我们是否还要基于现状来形成在价值共同基础之上的对胚胎本体论地位的形而上学的预设？最后，我还想强调我们需要注意论证的清晰性。

范向前：对于辅助生殖技术的伦理困惑，我将其与运气联系在一起，并且从政治哲学的角度出发思考辅助生殖技术中的伦理问题：我们如何看待公民受各种运气因素影响而无法生育的现象？罗尔斯（John Rawls）通过无知之幕

---

① 参见刘燕敏、王慧、颜宏利、张文静、印惠荣、罗婷、洪毅：《中外精子库发展管理经验》，《解放军医院管理杂志》2018年第11期。

提出了他的运气理论，通过无知之幕的假设来避免偶然因素导致的公民利益受损的情况。正是偶然性因素对社会制度构建的影响，激发了学者对运气理论的关注。随后，学者们围绕运气和运气造成的公民损失问题进行了激烈的探讨，并引发了运气均等主义思潮。据此我们发现，生殖障碍已经脱离罗尔斯所讲的最不利者，因为他们并非参与社会分配的弱势群体，当然也不能用罗尔斯在《正义论》（*A Theory of Justice*）中的两个正义原则来维护生殖障碍者的生殖利益。我的问题是，从运气的角度出发，那些生殖障碍者拥有坏运气，他们的损失又该由谁来承担或补偿？他们的生殖权利是正当的吗？他们想要生殖的迫切要求如何才能得到满足？如何实现他们的生殖权利？政府应当以何种方式来对待这一类社会成员?政治哲学是否能解决这个问题呢?

雷瑞鹏：我们所说的"人生而平等"其实是一种价值理念和追求。但实际上，每个人拥有的天赋和条件具有差异性。罗尔斯认为，社会政策要解决的是社会政策自身导致或加剧的不平等问题。

主持人　点评总结

雷老师此次讲座标题中的"困惑"二字很有意思。我们通常认为，伦理学的研究不应仅停留在提出"困惑"的层面，而是要解决问题。但我认为应用伦理学就是处在不断的困惑中，即我们经常会发现自己提出一些问题，但是在分析之后，我们又陷入新的困惑。因此我对这个题目有种强烈的认同感，我觉得很多应用伦理学问题其实就是伦理困惑。

雷老师分析辅助生殖技术问题的整个过程，一方面呈现了大量前沿的学术信息，更重要的是，另一方面在方法上，不同于传统的"提出问题—分析问题—解决问题"的分析路径，她在提出问题和分析问题之后回到了伦理学基本概念和原则的辨析，并以此形成对问题的反思，从而提供了应用伦理学前沿问题研究的一种基本思路和方法。在这一过程中，我们虽然又产生了一些困惑，但实际上我们也清晰地辨析和反思了一些问题，这恰恰是应用伦理学的意义所在。在辨晰和反思的过程中，我们也可能找到大家认同的、能达成共识的东西。比如在今天同学们的讨论和雷老师的回应中，大家至少应该形成这样一种回应：哲学、伦理学意义上的好生活，或者更多的政治话语、意识形态话语中的美好生活，至少不等于完美生活。同样，我们所说的"我"心中的美好生活也不等于另一个个体心中的美好生活。每一个人对美好生活的理解是不一样的，而我们所认为的美好生活和下一代人眼中的美好生活也是不一样的，因此我们至少不应该把美好生活理解为完美生活，不应该把追求完全意义上的完美生活当作或等同于追求好生活、美好生活。

第三期 从企业社会责任评价
到企业社会成就评价*

主讲人：张霄

主持人/评议人：王露璐

与谈人：曹琳琳、吕甜甜、史文娟、吕雯瑜、侯效星、
陈宇、陈静怡、王倩、边尚泽、张政

背景介绍

2010年，我翻译的安德鲁·吉耶尔（Andrew Ghillyer）的《企业的道德：走近真实的世界》（*Business Ethics：A Real World Approach*）一书出版。Business Ethics 本来应译为企业伦理，但后来在出版社的建议下书名改为"企业的道德"。《企业的道德》一书在正式出版时删除了后面的附录部分，附录仅以线上方式与大家分享。被删除的附录内容包括两篇学术文章：美国安然公司的企业伦理守则和美国7个职业协会的伦理守则。其中一篇文章提到了米尔顿·弗里德曼（Milton Friedman）1970年发表在《纽约时报》（*The New York Times*）上的《企业的社会责任就是提高企业自身的利润》（The Social Responsibility of Business Is to Increase Its Profits）一文，弗里德曼重申了企业作为一个经济组织，它唯一的社会责任就是实现利润最大化的这一观点。[①]针对弗里德曼的这一观点，我们不禁要问，企业社会责任这

---

* 本文由南京师范大学公共管理学院硕士生陈静怡根据录音整理并经主讲人张霄审定。

① 参见 Milton Friedman, "The Social Responsibility of Business Is to Increase Its Profits", *The New York Times*, September 13, 1970.

一概念为何会产生？它的社会功能是什么？对于社会来说，让企业承担赚取利润之外的责任有必要吗？现有的企业社会责任评价体系有什么问题？我们能设计出促进企业发展的另一种方式吗？

主讲人　深入剖析

　　美国商界有一句著名的话，"The business of business is business"，简单说来就是"在商言商"，即"企业的职责就是挣钱"。这也契合弗里德曼的观点，企业最重要的一项任务是挣钱。除此之外，不应该给企业追加别的义务，让企业承担获得利润之外的社会责任，比如，以企业的名义进行社会捐赠、组织公益活动、改善社区等。企业没有义务承担这样的社会责任，它只需要在合法的环境中诚实经营获得利润。有人认为"在合法的环境中诚实经营获得利润"是弗里德曼承认的企业社会责任的底线，但我不认同这一观点。弗里德曼可能觉得"企业的职责就是挣钱"这一说法太冒进了，所以将企业赚取利润的方式限定在合法程序和诚实经营中。另外需要澄清一点，弗里德曼认为不能以企业的名义进行捐赠、从事公益活动，但并不代表企业的管理者和所有者不能做慈善，企业管理者和所有者可以以自己的名义捐款。例如，国外很多慈善活动都是以个人名义而不是以企业的名义进行的。

　　弗里德曼的理论对企业伦理这一概念造成了巨大的冲击。他认为，企业在合法的环境中诚实经营，这是最基本的条件，除此之外都不属于企业的社会责任。在弗里德曼看来，只有社会主义社会才需要考虑企业社会责任的问题，而自由主义社会不存在企业社会责任，企业能够赢利就是最大的慈善。我们不能抽象、空洞、笼统地看待弗里德曼的观点，而是要将其置于一定的历史文化背景中考察。人们究竟应该赞成还是反对企业社会责任？对于这个问题，我们需要在不同的经济基础、社会结构以及历史文化和风俗传统中进行讨论。弗里德曼代表了相当一部分人的观点，他们认为 business 和 ethics 这两个词放在一起是矛盾的，它们本身是相悖的。弗里德曼生活在美国这一自由主义社会中，生活在自由主义社会的私有制制度下，人们受自我所有权理论的影响，认为企业的产品就是企业所有者的东西，如果没有得到所有者的允许，其他人就无权拿走任何东西，因此企业无须承担任何社会责任。弗里德曼的观点就是诞生于这样的社会基础上，在他看来，企业提供质量过关的产品和服务让消费者生活得更好就是在为社会作贡献。

尽管弗里德曼的观点极具冲击力，但为什么企业伦理和企业社会责任无论是作为社会理论研究，还是作为社会活动，都没有因为他的观点而停止呢？为什么企业伦理还会存在呢？因为企业伦理不仅仅是一个理论问题，更是一个现实问题，它能够被广泛研究的重要原因在于企业败德现象严重。在西方社会，很多企业缺乏社会责任，造成了商业环境和自然生态环境的严重恶化，这些情况促使公众认识到企业作为社会的一部分，一定要承担起相应的社会责任。企业伦理在发展过程中逐渐破除了企业非道德神话。企业非道德神话即企业在发展过程中不需要讲道德，讲道德对企业来说是不务正业。企业非道德神话造成了很多社会问题，而如果企业不承担相应的社会责任，这些问题将无法得到解决。正是人们对企业败德现象的思考，让企业伦理理论有了大的发展，但这仅仅是从负面角度分析的。从正面角度看，企业伦理可以在很大程度上为企业带来更多的经济效益和社会效益。企业伦理环境越好，企业发展的交易成本就越低，利润空间就越大。从长远来看，遵守企业伦理是降低企业交易成本和企业能够长期良性发展的必要条件，是企业能够成为具有一定规模效益的大企业的必备因素。通过以上分析我们可以看出，商业社会的诞生和发展背后必定有伦理因素推动。

考虑到历史背景，商业社会的诞生和发展背后必定有伦理推动，也就是说，企业伦理是经济增长背后不可或缺的精神动力。在这里，我以两本书为例——马克斯·韦伯（Max Weber）的《新教伦理与资本主义精神》（*The Protestant Ethic and the Spirit of Capitalism*）和余英时的《中国近世宗教伦理与商人精神》。韦伯认为，资本主义精神源于宗教伦理精神。他特别提到了加尔文教派，加尔文教派在对《圣经》的阐释中表明，商人挣钱是为了履行上帝的天职。在中西方传统社会里，挣钱这件事是不光彩的，商人的地位不高，在社会中发挥的作用也有限。加尔文教派的改革，其实是为了鼓励信奉加尔文教派的教士做生意。这句话实际上是说，商人努力挣钱是为了履行上帝的天职。因此商人挣钱不但是一件合法的事情，还是一件高尚的事情。我们可以通过一个宗教故事理解这件事。上帝打算出去一个月，临走前，他分别给两个仆人发了一块金币，说："等我回来的时候，你们要把这个东西原封不动地交给我。"上帝一个月后回来的时候，一个仆人将原先的金币返还给了上帝，而另外一个仆人则将通过一块金币赚到的钱交给了上帝。在这个故事里，上帝会喜欢谁、批评谁呢？在《旧约》中，上帝会欣赏第一个仆人，因为在他看来，我给你什么，你还我什么，这是天经地义的。但是依照加尔文教派对《圣经》的新解释，上帝会表扬第二个仆人，因为上帝也有投资意识，用金币给上帝挣更多的钱是值得称赞的。对宗教人士来说，活着的意义和宗教生活密切相关。如果教派告诉信徒，挣钱是合理的，挣得越多，对上帝的贡献越大，那么教徒就会把挣钱这件事当作自己的本业，后来人们运用这种方法解决了营利的动机问题和经商的开源问题。与之相配的是节流，即禁欲主义。禁欲主义主张，挣钱是一件苦差事，所以不能肆意挥霍。强大的天职信仰支撑着教士去赚钱，禁欲主义又要求其不花钱，这样一种只赚钱不花钱的价值观，刺激教士们不断地经商挣钱。韦伯认为，正是这样的宗教伦理孕育了资本主义精神，这种资本主义精神不是挥霍，而是追求资本增殖，这种精神促进了资本主义的繁荣发展。在同样的历史时段，中国也曾出现过一波经济增长，即明清时期的资本主义萌芽。余英时先生在《中国近世宗教伦理与商人精神》里用韦伯的理论分析了中国经济增长的动力。据他分析，儒家入世修行的观念推动了中国这一时期的经济增长。古代士、农、工、商四个阶层中，最重要的两个阶层是士和商，士和商的关系非常重要。明清之际随着政策的变化，士商关系的界限被打破，有的士转变成商，有的商转变成士。儒士经商对社会具有重要意义，他们将义利观和道统观带入了商业社会。这一批人既懂经商又有文化修养，特别注重自己的名德。对于商人来说，挣钱不再是肮脏的事情，他们利用经商赚的钱装修宗祠、编撰书籍、建藏书阁等，以实际行动践行道统观。可见这一时期的经济增长受益于儒家道统学说，也就是说伦理观念推动了经济发展。从中西方的研究来看，现代商业社会的发展都受到了伦理观念的推动，但遗憾的是，这种商业伦理精神出现过一段时间后就慢慢消亡了。

在现在庞大的市场职业分工体系下，职业信仰等伦理精神越来越多地被某种技术化的工具理性取代。但是，健康的职业发展不能完全从技术化的角度实现，只有在核心价值观和理想信念的引导下，人们才能懂得行事的意义。从这个意义上讲，强调企业伦理和企业社会责任就是克服价值信仰被工具理性取代的弊端。企业社会责任评价就是这一背景下的一项重要活动。企业有各种各样的职业伦理守则，这些伦理守则包括了企业发展愿景、基本规则和据此制定的详细的职业规范。我认为，西方社会之所以强调企业伦理，客观上是为了防止技术化的工具理性侵蚀原来具有商业伦理精神和理想信念的行业价值观。企业社会责任主要分为两种：利他性的企业道德责任或道德性的企业社会责任，要求企业从道德角度从事慈善事业等；战略性的企业社会责任，指企业承担的社会责任有边界，只承担对企业未来发展有一定益处的企业社会责任。除此之外，企业在进行商业活动时也要坚持"三重底线"，即经济责任、环境责任和社会责任。

我认为，企业社会责任这个概念偏重于外界对企业的外在要求，在具体执行过程中，企业并不会主动承担社会责任，而是在外部约束的力量下不得不做一些事。对上市公司来说，如果没有企业社会责任报告，评估和评级就会受到影响，品牌价值也会降低。但是，现实问题是，承担企业社会责任是需要成本的，企业如果把大量精力花在承担社会责任上，有可能无法保证企业的正常业务。对于企业来说，承担社会责任所付出的成本能不能，以及多大程度上能够转化为使企业长期赢利的品牌价值和无形资产，还是个未知数。我认为，只有很少一部分企业能实现业务和责任的有机融合，达到利润和伦理的双赢。从这个意义上讲，我认为可以使用一种更为合适的评价方式，即企业社会成就评价。企业社会责任评价是否定式的，即如果不做这件事就会受到批评，而企业社会成就评价是激励式的，即如果做了这件事就会得到表扬。因此，应该把对企业的评价由企业社会责任方面转变到企业社会成就方面，而政府的优惠政策和扶持项目要向企业社会成就高的企业倾斜，这样才会实现良性循环，不仅会激励企业主动承担社会责任，还会促进企业实现长远发展。

自由阐述

吕甜甜：企业是社会发展的基石和细胞，给整个社会创造了巨大的物质财富。从这一角度而言，弗里德曼"企业的职责就是挣钱"这一观点我是认同的。企业不能脱离社会，要面对人与人之间的关系、人与自然之间的关系，尤其是在"双碳"背景下，企业发展要考虑对环境的影响，所以从企业社会责任评价转变到企业社会成就评价更加有意义。对于企业，我觉得首先要解决"谁之企业，企业为谁"的问题。只有明白企业的所属关系，才能考虑企业是否有责任以及有何种责任的问题；其次，要思考企业的责任问题。在企业发展过程中，政府应该扮演控制型角色，而市场应起导向作用；最后，从企业发展角度来讲，虽然有企业的"三重底线"，但是这"三重底线"之间的关系应该如何理解？评价企业应当以哪一条底线为主？这些都是我们需要进一步思考的问题。企业作为社会发展的活力细胞，对于整个社会的发展极为重要。通过企业社会成就评价来促进企业的发展，也为整个社会的发展起到推动作用。

张霄：企业的"三重底线"是并列关系，每一重底线都是重要的。企业的"三重底线"是一个公司不同业务的利益相关者所承担的一些责任。总体来说，企业的"三重底线"是对一个公司三个方面不同业务的要求。目前企业社会责任，包括企业的"三重底线"都是企业自身形成的评价，没有客观的评价标准，每个企业负责自己的报告，所以存在主观性。从这个意义上讲，企业社会成就评价与企业社会责任评价不同，它由专门的职能部门出具，依据能够量化的标准对社会各个领域发展制定要求，相对来说较为客观。

曹琳琳：在探讨企业伦理过程中有一个很有趣的话题，即与企业家讲伦理是不是多此一举？弗里德曼提出企业的责任就是提高利润，没必要再讲企业社会责任。如果企业所有者为了逃税把营利所得捐赠并以此取得好的名声，那么这种做法是不是可以视为其承担了企业社会责任？但这种承担责任的模式是短期的，并不能够形成企业内在的动力。张老师谈到企业要转换评价方式，让企业有一个长期动力，为此提出了企业社会成就评价。从长期效果来看，企业要想实现长期生存，必须要先能够生存，在达到生存目的后，则需要寻找存在的终极意义。大企业需要传承，如果运用社会成就来评价，是否可以达到某种成就累积的目标？就像华为，如果说它是为了企业发展而生存，那便是一种未知的东西；但如果说是为了整个国家的发展，并以此为动力，企业就可以包含某种感性的东西。这种动力绝对不是纯粹理性的责任说教，而是源自内在的某种精神性存在。但这种精神绝对不是以"我"为目的，而是以"我"之外的某些存在物为目的。因此，比起企业社会责任评价，企业社会成就评价更合适。同时，我在想这种实现企业成就累积的目标和企业持续性发展的动力是不是也可以用企业精神表述？

张霄：对于企业究竟应该承担什么社会责任没有公开的标准，目前主要是由企业自主撰写报告，这其实从某种意义上说有点自说自话。企业社会成就评价是我提的一个新观点，我的用意在于设计一种新的企业评价指标体系，提供一种不同于企业社会责任评价的企业评价方案，而且这个方案不是由企业表达自己承担何种责任，而是根据已经制定好的一些可量化的标准评价企业的行为。比如大家熟知的"十四五"规划，我们可以把"十四五"规划中的一些内容转化为企业未来发展方向的指导规范。在这个意义上，我们可以依据国家政策法规为企业制定成就评价体系，每个层级的企业可以根据每个层级的职能部门或者地区性的区域发展规划制定相应的社会成就评价体系。我觉得这是一个更客观的且可操作的良性循环方案。这样企业内部能够生发出一种精神动力，从而引导地区区域发展的方向。在我看来，企业社会成就评价比企业社会责任评价更能激发出企业精神，更能够被社会承认。

边尚泽：首先，弗里德曼认为责任实际上是属于人的，只有具有主体性的人才可以承担责任，于是他就把企业潜移默化地转变成了商人。他认为，当我们让商人承担社会责任时，其实是赋予了他们社会官员的身份，也就是赋予了他们一种政治权利，而这种政治权利的授予并未经过诸如投票选举等合法渠道，仅仅是因为商人有钱或者会经商。他对此进行了批判，认为我们不能这样给予商人政治权利，所以也不要让商人承担社会责任，商人的责任就只有获取利润。我认为弗里德曼这样的论证思路是有问题的，我们不能将企业视为商人，企业承担社会责任也并不等于获得政治权利。虽然责任只有人能够拥有，但是企业是由人构成的集体，也应当具有人的道德主体属性。其次，我觉得责任和权利是有差别的，我们常常说拥有权利便意味着承担责任，但是不能说承担责任就拥有某种权利。因此，我们赋予某个人责任就是赋予他某种权利，这个逻辑是有待讨论的。最后，我认为弗里德曼对企业的"三重底线"的批评有把金融和经济两个概念混淆的倾向。虽然金融有一些指标，比如利润率，可以很好地展现社会的经济发展状态，但这并不表明金融就是经济。因此当他发现金融方式无法应用到社会责任和自然环境中去时，就说我们不需要讨论这样的问题了，这一论证思路也是有问题的。如果我们能够实现企业社会责任向企业社会成就的转变，就可以脱离经济领域中的那种量化方法，从而客观评价企业的行为。另外，我认为把企业比作商人是不恰当的，我觉得企业更类似于一种生产关系的存在，企业最重要的作用就是调配或者解放生产力。因此，我想向老师请教，能不能把企业理解成一种生产关系，然后把马克思主义理论中有关生产关系范畴的思想成果运用到企业伦理实践中，以此来解释企业要更好地解放生产力就要更好地发展技术，而不是一味地追求经济利润？

张霄：你对弗里德曼的几个批评是有道理的，弗里德曼不承认集体人格，但社会中不只有人还有各种各样的组织，因此存在集体人格的概念。有了集体人格概念，就有了承担责任的主体。但是弗里德曼之所以提出这样的观点并受到很多人的支持，其实和他们的文化有着密切的关系。西方是自由主义社会，以个人自由为核心。他们认为真实存在的东西只是个体，超出个体的东西都是虚幻和不存在的，这其实也是一种方法论的个体主义。这样的观念很难解释社会联系、社会组织等概念，甚至不能解释政府的存在。但是，即便从个体角度去理解，最后也有可能推导出一个巨大的主权共同体以及相应的责任，比如，霍布斯（Thomas Hobbes）虽然在《利维坦》（*Leviathan*）里声明道德法的第一要义是保全自己的生命，但最终也推导出一个强大的主权者。

王倩：对于社会来说，让企业承担赚取利润之外的责任有没有必要？弗里德曼举了小区企业主的例子。他认为，小区企业主为了企业的长远利益，会投入一部分资源用于治理社区。企业或许没有想增进公共福利，在生产过程中也没有想要承担社会责任，只不过企业要想获利，就要有长远的利益考量。在这个过程中，有一双"看不见的手"引导其实现某种意义上的社会责任。比如一个企业想要获得更多的利润，它就会保证产品的品质，让消费者更放心，其实这一过程就是社会责任的体现。如果在这样自发秩序的基础上，再让企业承担赚取利润之外的社会责任，便会破坏这种自发秩序，加重企业的负担，而且这也不利于企业长远发展。企业利益和员工利益直接挂钩，从这个角度讲，让企业承担赚取利润之外的责任是没有必要的。但这种受"看不见的手"引导的社会责任是有限度的社会责任，能够实现多少或者怎样实现还有待考量。仅仅依靠企业自身，没有外界和其他机制监督，企业并不会积极承担社会责任。我认为，让企业承担赚取利润之外的社会责任，既有其必要的一面，又有其非必要的一面。有必要是因为企业承担的社会责任是有限度的社会责任，既然是有限度的，那么其自身就无法主动实行，需要借助企业社会成就评价标准来实行。但是，从市场的自发性来考虑，我认为让企业承担赚取利润之外的社会责任是没必要的。

张霄：你讲的这两个方面本来就是矛盾的，我们在谈论问题时不能抽象地讨论两种东西如何兼得。在任何国家、任何经济体制里，我们都可以谈所谓的某种抽象普遍的企业社会责任，包括对企业社会责任的理论认识、现实操作等，企业又要挣钱，又要承担社会责任，这确实是摆在面前的一个现实问题。但是，我们首先要确定企业要不要承担赚取利润之外的社会责任。企业可以选择承担，也可以选择不承担。如果选择承担，则需要考虑以何种方式承担，这其实需要社会活动者，比如政府、企业设计出适合企业自身的承担形式。目前许多企业承担社会责任是出于上市的考量，因为上市公司必须要有承担社会责任的相关内容，如果没有这部分内容，企业便无法上市。这是一个实际操作的问题，我们需要在操作过程中具体考察一个企业应承担什么样的责任。你说的"看不见的手"，更确切的表达应该是溢出效应。溢出效应是指无心做出的事却得到了意想不到的效果，而"看不见的手"是整个体系中一种具有规律性却没有被发现的东西。

张政：我想向张老师请教一下企业应该如何通过与高校合作承担社会责任的问题。郑永年先生认为要成立具有慈善性的第三方组织，但是这个组织存在归属方面的问题。据我个人了解，中国的很多企业家会以校友的名义或者企业的名义给大学捐钱。但是，其中一部分人并不仅仅是为了发展教育，可能只是为了捐一栋以自己名字命名的楼，或者是为了在学校谋取一些身份。而在新加坡，很多有情怀的企业家会进行义务捐赠，不图回报地把钱捐给大学。针对这些情况，我想请教张老师：企业如何与大学之间构成关系？在第三次分配过程中，如何让企业跟高校或者科研院所之间的联系更加紧密？

张霄：企业和高校有许多可以建立的关系。企业和高校之间可以合作科研，例如，企业在高校设立博士后流动站，或者将一些研发项目外包给高校，又或者为学校活动提供赞助和捐助。企业对高校进行捐赠会有相应的要求。企业为什么要做这些呢？我想有可能是为了给企业品牌打广告。但是，也不乏一些企业家出于个人爱好，出资在高校设置科研机构。还会有一些理工科院校和企业共同开发设计产品，并和企业进行合作销售。有的学校有自己的校办企业。没有自己校办企业的学校会和某些公司合作，把研发出来的产品投放到市场。我认为最合理、健康的方式应该是企业与学校合作进行科研、产品研发，这更符合企业发展的主流。

侯效星：我特别赞同企业应该承担社会责任的观点。企业承担社会责任能够为企业带来更多的社会效益。当老师讲到这儿的时候，我想到前段时间特别火的白象方便面企业招工。不少企业在招工时会拒绝残疾人，但是该企业选择录用残疾人。我认为这个企业没有回避社会现实问题，给残疾人提供就业机会，是一般企业做不到的。当这件事被大众所知后，该企业获得了良好的社会声誉，而社会声誉又会转化为盈利。因此，我认为企业应该承担一定的社会责任。但是我们在谈论企业社会责任时，很多时候想到的都是大中型企业。当然，现在很多大型企业确实也在倡导或者履行企业的社会责任。但是，有一点是需要注意的，我们国家存在着成千上万的中小型企业，而大部分中小型企业主动承担社会责任的意识并不强。中小型企业也需要承担社会责任，而且评价的好坏、社会的认可度等会对这些企业的发展造成影响。那么，我们该怎样引导这些中小型企业承担社会责任呢？当然，社会上有很多中小型企业有自主承担企业社会责任的意愿。但是，这类企业的评价体系肯定不同于大型企业。如果按照张老师所说的这种成就评价，或者刚刚曹老师提到的成就累积，我认为小型企业没有优势。因此，我想问张老师，如何用企业社会成就评价考察中小型企业？

张霄：对所有企业谈社会责任其实是非常困难的，尤其是中小型企业。我曾经想与政府合作设计项目，鼓励中小型企业申报。在这个项目中，中小型企业需要做好本职工作，按照标化价值生产和经营。与此同时，政府会履行相应的责任，给予这些企业以政策扶持。只要企业运行良好，政府就能够提供税收、贷款等政策上的保障。如果这样，是否能够形成一个良性循环？在这个循环中，每个人都在做正确的事情，大家同时受益。我当时想以行业为核心，由国企牵头来带领一部分中小型企业进入到项目中。在政府的支持下，中小型企业会逐渐积累自己的企业信用，承担起企业的社会责任。但出于一些原因，这个项目没有实现。对于中小型企业，我们不能只讲责任和成就，还需要考虑一些社会操作模式和工作思路，甚至是策略，才能带动它们获得长远的发展。

吕雯瑜：我认为，要谈企业社会责任，首先就要明确企业社会责任究竟是什么。我认为，企业社会责任来源于人们的社会压力。在西方传统社会，商人社会地位较低，不被人们重视，但是他们又要求得自身的生存和发展，于是便摸索出一种承担社会责任的方法，这也成为企业社会责任思想的萌芽。此时，很多企业停留在资本原始积累阶段，资本的社会属性并没有被发现，人们往往只关注资本的经济属性。随着企业自身的发展，企业面临着社会压力，开始寻求一种社会认同，想要在资本的经济属性当中融入一些社会责任。他们发现，片面地追求经济利益会给生态环境带来问题，于是，他们开始重视自身行为产生的后果，并对社会作出承诺。在我看来，从伦理学视角思考企业社会责任是非常有必要的。伦理学可以为企业提供一定的规范和发展的依据，企业伦理的研究对象是企业的道德现象。对此，我们需要思考这些问题：究竟什么样的价值观是值得当下奉行的？什么样的行为准则是我们应该去遵守的？什么样的品德是企业应该拥有的？谈论企业社会责任离不开伦理分析，突破底线的行为是不被社会承认的。企业如果不顾社会利益而一味追求自身利润的最大化，必然不可能持续生存和发展。我认为，我们在思考促进企业行为规范化问题时，应该从政府、媒体和民间组织等多领域进行思考。

张霄：我再补充一下，应用伦理学专业其实就是面向职业、面向行业的专业。拥有应用伦理学知识的专业人员可以到各行各业从事与企业社会责任相关的工作，他们会根据企业自身的特点制定相应的伦理守则。有国外企业专门设立了合规部，包括法务合规（相当于国内的法务部）和伦理合规。伦理合规就是企业活动要符合其制定的伦理道德规范。值得注意的是，职业要求和企业发展要求之间可能会产生冲突，比如，对于会计的要求是不做假账，但是，企业在运行过程中，需要会计调整核算方式从而使得利润最大化。总之，企业社会成就评价包括行业道德守则、伦理规范和职业美德等评价指标，我们要把这些统合起来，从而形成具有企业特色的评价体系。

史文娟：美国学者伍德提出企业社会成就（corporate social performance）概念，这一概念除了包括企业的社会责任，还包括企业的社会反应过程和企业的社会效果。[①]也就是说，他不仅把企业社会成就当成我们目前所谈论的直觉上的结果，而且把它当成一种完整的过程。我们很多时候只是从企业的社会效果出发探讨企业社会成就，但是我们从一些具体的例子中会发现，现在的企业社会成就效果其实更多时候体现在公共领域。我个人认为，部分学者提到的创造共享价值的模式是相对较好的，因为这种模式将改善社会问题纳入考量之中，其目的不仅是提高企业的经济价值，更是改善社会问题。从古典功利主义角度来说，这种模式可以给社会带来最大的幸福。我认为在当下这是一个很好的选择，因为道德是阶级的、相对的，所以这种模式可以修正企业社会责任评价带来的一些问题。另外，我认为关于企业社会成就的判断是比较复杂的，因为其指标很难穷尽。虽然"三重底线"的设置已经体现了指标的多样性，比如女性高管、残疾员工比例等都已被纳入，但是指标仍然是没有穷尽的。之前星巴克员工驱除警察事件引起了大家对于星巴克咖啡的抵制，但对于当时没有买星巴克咖啡的警察来说，他在那个时候并非星巴克的直接利益相关者，其互动引发的效应是出乎我们意料的。因此，从"三重底线"的评价指标来看，这种评价体系主要与企业员工相关。因此，我们以

---

① 参见朱贻庭主编：《应用伦理学辞典》，上海：上海辞书出版社2013年版，第116页。

后在考察社会效益指标的时候，是不是可以更倾向于社会方面？

张霄：国外的 corporate social performance 最后落脚于 performance，和我所讲的企业社会成就有所不同。这种成就对应的评价讲的是某种行为产生的效应，主观性比较强，侧重于主观的精神性激励。国外的 performance 相当于企业有自己的格调，或者企业更加关注值得自身做的事情。企业会为了内在价值激励自己做某些 performance，然后取得成绩，这种评价比较偏重于个体和个体价值。而我讲的企业社会成就评价有客观的评价标准，社会成就是企业对社会的贡献度，它会转化为具有内在价值的企业文化，催生企业愿景和相应的内部伦理守则系统。

陈宇：许多知名企业的市场价值和账面价值差异较大，其市场价值远远超过账面价值，这种现象背后的原因是以道德资本为核心的精神资本发挥着独特且不可估量的作用。企业对社会的道德责任正是企业生产经营的道德诉求，也是企业道德资本实践过程中一项重要的评价指标。由此我联想到京东，京东有这样一项规定：全国任何地方发生灾害，京东临近库房的管理者无须汇报，便有权捐出库房中灾区所需物资。同时，京东也会第一时间成立应急保障团队，确保救灾物资专车专送。从之前的武汉疫情到2021年的河南水灾，京东都做到了。上海疫情期间，京东也是循环支援。这些都是京东履行企业社会责任的体现。最近北京开始大肆抢购生活物资，但是我家人不为所动，我让他们储存物资，他们却认为京东的总部在北京，物资肯定十分充足，这显示出对京东这家企业的信赖。除京东外，在目前疫情下，白象和鸿星尔克也走进人们的视野。这两家企业很好地承担了自身的社会责任，营造了良好的企业形象，因此吸引了很多顾客，创造了利润。以此视角来看，企业承担社会责任越多，收获也就越多。顶级的企业可以在承担社会责任过程中找到企业新的增长点，但问题是顶级企业太少。那么，我们能否开发出促进企业发展的另一种方式？我的想法和日本企业家稻盛和夫的观点相似。稻盛和夫一生将"敬天爱人"作为其信奉的经营哲学，"爱人"就是利他，包括为客户、员工、利益相关者和社会带来利益。稻盛和夫在追求全体员工物质和精神两方面幸福的同时，也为人类和社会的进步和发展作出了巨大贡献。如果我们将这种观点作为公司的经营理念，将有助于实现企业、员工和社会三方面的和谐统一。

张霄："敬天爱人"是稻盛和夫的企业经营哲学，"敬天爱人"能够促进企业发展，体现出企业的文化价值观。稻盛和夫的企业经营哲学也从侧面说明，企业如果发展得好，那么它必然有着好的企业文化和核心价值观。当然，企业拥有良好的价值观和文化，也并不代表企业会一直好下去。企业在社会环境中面临的生存风险还是很大的，比如，疫情导致现在的文化旅游产业和餐饮业遭受很大的打击，企业也可能会碰到一些突然的供货短缺情况，面临行业、技术或者政策上的问题等。还有现在的"双减"政策，使得像新东方这样的教育机构面临着发展困境。因此，好的企业文化也不能完全规避市场风险。但是，企业要想长久地发展，就必须要有良好的企业文化和信念。企业文化对于企业来说非常重要，一个没有企业文化的企业很难获得持续稳定的发展。

陈静怡：弗里德曼的论证思路非常有趣，但是我认为弗里德曼可能忽视了一个问题。他把企业高管表述为企业代理人，认为企业高管在履行企业社会责任时，是以当事人身份来履行个人的社会责任。我们知道，人处于一定社会关系当中，社会是人的社会，人是社会中的人，人可以有不同的社会身份。企业高管作为行为主体，不仅有当事人立场，也有代理人立场，其身份是有机的统一体，我们不能对其作单层次、非此即彼的考虑。我认为可以用教育心理学家斯金纳（Burrhus Frederic Skinner）的强化理论理解企业社会责任评价和企业社会成就评价之间的关系。斯金纳将强化分为正强化和负强化，正强化是通过激励的方式达到强化效果，负强化是通过规定某人不能干某事来达到强化效果。我认为，企业社会责任评价相当于一种负强化，即规定企业不能干某事从而实现企业社会责任的履行；而企业社会成就评价相当于一种正强化，即通过鼓励和激励的方式让企业主动承担社会责任。同时，我也想向老师请教：在教育领域中，正强化和负强化结合起来使用能达到比较好的作用效果，企业社会责任评价和企业社会成就评价是否也可以结合起来用以评价企业的行为？在评价企业行为的时候，这两种评价方法的地位是怎样的？它们之间存在怎样的关系？

张霄：从某种意义上讲，企业社会成就评价包含企业社会责任评价，只不过在评价方向上不太一样。企业社会责任评价靠外在的强制力量，未必能达到最终目的；而企业社会成就评价能够调动企业员工的主动性，从而更好地履行企业社会责任。企业社会责任评价和企业社会成就评价一定是有联系的，并不是完全脱离的两个方面，两者可以相辅相成。我之所以提出企业社会成就评价，是因为想达成一种新的评价方式，这种方式在社会层面上或许能够扭转我们以往对企业的认知，从而形成一种更加全面综合的企业评价体系。

主持人　总结点评

企业社会责任是经济伦理学中的"老"问题，经济伦理学的产生就是从企业社会责任的讨论开始的。张老师在主讲及与大家交流的过程中，既对这个"老"问题作了系统的学术史梳理和概念阐释，又展现了更加前沿的学术话语和新颖的表现方式，给我们提供了关于应用伦理学学习和研究的经典方法。同时，张老师又通过企业社会责任评价向企业社会成就评价的转变，体现出其在这一"老"问题上面向未来的学术建构。理论层面的认同不一定能转化为实践层面的应用，但张老师通过自身的实际行动确立了自己的理论，并且其学术愿景是通过一定的实践体系将企业伦理建构起来，这种实践体系包括指标体系、操作体系等，这是值得我们学习的。我们要从张老师对企业伦理问题的讲解中体会和领悟，如何把理论讲深、讲透，如何把理论层面的伦理问题转变为实践体系的建构和行动，这也是应用伦理学从理论研究走向实践应用的经典范式。

第四期　道德冷漠的伦理审视

——"彭宇案"引发的道德反思*

主讲人：吕雯瑜
主持人/评议人：王露璐
与谈人：武强、王席席、陈佳庆、沈琪章、刘壮、陆玲、
范向前、徐乾、边尚泽

案例引入

"彭宇案"是2006年11月20日发生在江苏省南京市的一起引起较大争议的民事诉讼案件。老人徐寿兰在南京市水西门广场一公交站台被撞骨折，徐寿兰指认撞人者是刚下车的彭宇，彭宇予以否认。2007年7月4日，彭宇主动致电某网站论坛版主，称自己做善事被人诬告，扶起老人后反遭起诉，希望媒体对此事予以关注。9月3日，鼓楼区法院作出一审判决，认定彭宇撞人事实成立，判决被告彭宇给付原告徐寿兰4.5万元。双方对一审判决均不服，故提起上诉，南京市中级人民法院于当年10月初展开调查，并在南京市公安局指挥中心查找到事发当日双方分别报警时的两份接处警登记表，登记表上均记录了两人相撞的情况，这些新证据为澄清事实提供了重要佐证。在二审即将开庭时，彭宇与徐寿兰达成庭前和解协议：彭宇一次性补偿徐寿兰1万元，双方均不得在媒体上泄露相关信息和发表相关言论。事后，彭宇最终承

---

* 本文由南京师范大学公共管理学院博士生吕雯瑜、硕士生刘壮根据录音整理。

认其撞人事实。对于调解结果，他也表示接受。①

此案经媒体曝光后，迅速成为网络热门话题，有网友对彭宇表示信任和支持，并感慨如今好人难做。"彭宇案"并没有因为它的审判终结而成为历史，相反，它的负面影响依然存在，社会上时常出现老人摔倒无人敢扶的现象。尽管最后彭宇承认确是其撞倒徐寿兰，但社会对此案最重要的关注点不在真相，而在"扶不扶"问题。在现实生活中，仍然有人会明哲保身而选择"不扶"。由此，我们不禁思考，道德冷漠有哪些表现？道德冷漠何以产生？消解道德冷漠的路径有哪些？

主讲人 深入剖析

通过回顾"彭宇案"，我们发现彭宇最初能够蒙蔽事实真相，成功塑造弱者形象，离不开媒体的推波助澜。细心的网民总结了不同媒体的新闻标题，从这些标题可以看出公众的不满情绪。例如：《新京报》的标题为《有人摔倒，你扶不扶？》，《大河报》的标题为《法院判决依据是法理还是常理？》，《潇湘晨报》的标题为《公众表达：法官的"情理"和"常理"很可怕》，《南方都市报》的标题为《彭宇：以后还有谁敢做好事》，《海峡都市报》的标题为《老妇摔倒你还敢不敢扶？》。自"彭宇案"后，一些道德冷漠现象相继出现。2011年10月13日发生在佛山的"小悦悦"事件更是引起整个社会对人性的拷问，一个幼小的生命连续被两辆汽车轧过，7分钟内18名路人无动于衷。如果人们没有如此冷漠，小悦悦就可能会有机会存活下来。道德冷漠现象在网络生活中也会出现。2018年9月，在峨眉山景区金顶"瑞吉

---

① 案件官方来源：http://news.cntv.cn/society/20120117/101781.shtml.

山石"处，年仅21岁的抑郁症女孩不顾众人劝阻，毅然决然地跳下悬崖。事后的许多网络言论却不堪入目，甚至有网友指责女孩的行为是不负责任的表现。

对于道德冷漠现象，我主要从这几方面着手研究：一是探究道德冷漠的概念，理清道德冷漠的深层内涵。二是探究道德冷漠的外在表现，包括理论表现和现实表现。三是探究道德冷漠的根源，包括社会根源和个体根源。四是探究道德冷漠的治理路径，包括理论路径和现实路径。

道德冷漠是道德在现实中的扭曲状态。第一，道德冷漠是对社会现实的主动适应和消极防御。个体的冷漠表现为对外界的刺激没有给予正向的反馈。例如，对他人的不幸和社会的不公呈现漠视的态度。个体的冷漠是一种消极防御的心理机制，是个体担心自己在人际交往中受到伤害而以犹豫和彷徨的心态面对整个事件的表现。个体表现出冷漠的态度与个体在具体的生活境遇中受到的心灵伤害有关。个体的冷漠不仅仅表现为一种消极的心态，更表现为个体的处事原则。道德冷漠不仅仅体现为个体冷漠，也体现为社会冷漠。个体冷漠和社会冷漠之间有着密切关系，社会冷漠也是由个体冷漠构成的。第二，道德冷漠是权责均弃的态度和行为。所谓权责均弃是指既放弃权利，又放弃义务。道德冷漠主体具有道德能力和正常思维，能够进行正常的道德判断与逻辑推理，但是在面对他人困难时，由于利益冲突而未采取积极行动，很容易丧失道德自我。植物人或者精神错乱的人不存在道德冷漠之说。失去道德自我的原因是多方面的，既可能有主体的原因，也可能有客体的原因。在主体层面上，人们失去道德自我的原因有多种，既可能是道德认知出现偏差，也可能是道德意志比较薄弱，又可能是道德勇气略显不足。在客体层面上，人们出现权责均弃的原因包括社会支持的匮乏，制度保障的欠缺和制度激励的不足。第三，道德冷漠是对自身存在的认识不清。道德冷漠是大众对其存在方式和存在意义的认知陷入误区的外在表现。人是社会性动物,人的真正存在以存在于人类社会为表现形式。人们应该对自身的存在价值和意义具有足够和深入的认识,这样才有利于良好风尚的形成。第四,道德冷漠是个人品德异化的外在表现。冷漠体现为对失意者的无视以及对弱者的歧视。在面对个人善与公共善的道德冲突时,道德冷漠者往往因为维护个人利益而放弃公共善,表现出麻木不仁的状态。

在理论上,道德冷漠体现为道德勇气的缺失、道德关怀的匮乏、道德义务的逃避、道德信任的消弭。具体来看:第一,道德勇气的缺失。"勇气"可以理解为勇往直前的气魄和敢想敢干、毫不畏惧的气概。相对来说,畏惧胆怯的从众心理是道德勇气缺乏的表现,这一点在"小悦悦"事件中表现得淋漓尽致。路过小悦悦而未加施救的十几人拥有正常人的思维和道德判断,但未加施救的行为显示出他们对责任的推诿心理和害怕被误解、讹诈等怯懦心理,这些怯懦心理的本质就是道德勇气的缺失。在道德实践中,客观因素和主观因素混杂在一起,当道德主体面临善恶选择时,心地善良、富有同情心和正义感的人可以通过理性思考来面对问题,而缺乏强烈意志力和勇气的道德主体则容易逃避问题。在一些道德冷漠现象中,人们对道德正义缺少清晰的认知,面对道德的犯罪行为和救助行为缺乏勇气和能力,这在一定程度上也会影响社会道德的赏罚机制。第二,道德关怀的匮乏。道德关怀是道德范畴内主体对客体的在意、关心和爱护。个体不能离开社会群体而独立存在,个人的价值和意义也体现于为社会和他人奉献力量。人与人之间是相互联系的,我们需要对社会或他人进行道德关怀。道德关怀思想教导我们对他人的需要应该积极地回应,而不是冷漠地对待。道德冷漠现象可以理解为道德关怀的匮乏,这同道德勇气的缺失一样属于道德危机在社会心理层面的外在表现。第三,道德义务的逃避。道德义务是一种在社会关系中产生的客观责任。个人在成长过程中,能够将义务、秩序和要求,由他律转变为自律和自觉,也能够学会遵守和维护伦理秩序。个体德性体现为个体对义务的认知、实践和承担。一个有道德的人，不仅对义务有着清晰的认知与认同，更有着担当的精神。如果从义务的角度来看道德冷漠，道德冷漠体现为对道德义务的无视与麻木，反映出道德权利和道德义务关系的失衡。第四，道德信任的消弭。"信任"是一种相互依赖的关系，并由这种关系引申出一种亲密情感。道德信任的缺失与道德勇气、道德关怀和道德义务的缺乏有着一定的关联性。如果人与人之间互不信任、相互猜疑，那么在面对道德事件时，人们就会很容易产生防范心理和怀疑情绪，也就容易以冷漠的态度面对道德境遇中的人或事。

实践中的道德冷漠体现为对道德模范人物的怀疑、对道德规范约定的失信、旁观者现象泛滥、职业道德冷漠和家庭道德冷漠。第一，对道德模范人物的怀疑。对道德模范人物的怀疑体现在对道德模范事件或者人物都抱有一种微妙的态度，具体来看是对道德事件和道德模范的漠然，又或是对道德事件或人物本身的真实性加以怀疑，这些态度的泛滥将会对社会道德的进步和发展产生消极的影响。第二，对道德规范约定的失信。道德规范可以被视为约定俗成的一种规则或者标准，对其"守信"是人们应该遵守的基本准则。它不是个别人之间的私人约定，而是整个社会的全体成员之间相互承认的共同约定，道德冷漠在本质上是对这种约定的失信。道德规范这种社会共同的约定从"他律"开始，"他律"对于社会规范的维系具有关键作用。但是，只有"他律"的道德规范很难持续存在，"自律"对道德规范约定的持续存在发挥着至关重要的作用。道德规范要想更好地发挥其作用，需要将"他律"和"自律"相结合。道德规范性的失效主要体现在两方面：一方面，主体对道德规范不甚了解、麻木不仁或者拒不接受；另一方面，主体意识与道德实践的关联中断，表现为主体的认知与行为不一致，对待规范说一套做一套，或者知而不为，明知故犯。道德规范的失效性与制度的不完善有一定关系，道德规范的约束作用需要在制度的支持下才能更好地发挥作用。第三，旁观者现象泛滥。旁观者本为中性词，意为置身事外，从旁边观察人。广义上的旁观者甚至与"观察者"同义，仅仅表示持续展示一种状态的一类人。道德范畴的旁观者具有两个特征，一是他们对事件和人的不幸采取漠视的态度，二是他们忽视作为"人"的共同性，即忽视作为社会动物存在的"人"之间的共同约定。第四，职业道德冷漠。当代社会的职业道德冷漠涉及经济、政治、文化、生态、公共生活等各个领域，呈现出一些共同的特征，比如一些人仅仅把职业视为物质的来源，工作态度敷衍、冷淡等。具体来说，职业道德冷漠在经济领域集中表现为人们的"唯利是图"，在商品生产领域表现为漠视不健康生产造成的环境问题，在经济贸易领域表现为不顾诚信问题，在收入分配领域表现为不顾收入公平问题，在政治领域表现为行政道德冷漠问题，在文化领域表现为科研工作者的学术不端、文艺工作者追求"流量"等问题。第五，家庭道德冷漠。周俊武在《论中国传统家庭伦理文化的逻辑进路》中指出："家庭伦理在本质上是指以协调家庭成员间的相互关系为目的的各种道德规范的总称。"[①]现代家庭道德冷漠现象的产生有多种原因，如家族成员的利益纠葛（遗产、离婚财产、兄弟分家）、家暴、家庭地位不平等（尤其是农村地区许多陋俗痼疾不化）等。

从社会的角度来看，道德冷漠产生的社会根源主要包括五个方面：一是经济对道德的侵蚀，二是制度的伦理性缺失，三是道德模范宣传激励机制不完善，四是科学理性的僭越，五是道德教育的偏失。具体来看：第一，经济对道德的侵蚀。经济的发展带来了一些道德问题，道德冷漠就是其中之一。市场经济环境下，利己主义者因为计较利益得失而无视需要他们帮助的人。一些人唯利是图，过度追求物质利益而忽视自身的道德建设。第二，制度的伦理性缺失。制度与权利、义务相关联，制度的设计既要体现出公正的原

---

① 周俊武：《论中国传统家庭伦理文化的逻辑进路》，《伦理学研究》2012年第6期。

则，也要符合人性。制度的好坏体现在制度是否安排得合理公正，同时能否体现出制度的温暖。如果制度安排得不合理，人们在现实面前很容易因为个人利益而放弃善的举动。制度不应该是冷漠的，而应该是温暖与友善的。制度的温暖与友善能够凸显制度的价值与存在意义，也能够促使人们在作出道德选择时不轻易选择逃避。第三，道德模范宣传激励机制不完善。人们对道德模范人物和事迹的宣传不够，不利于形成崇德向善的良好社会风尚。道德关系若想长久维系，就需要建立合理规范的奖惩体系。只有建立起正向的道德回馈机制，才有利于个人善的实现和社会的良好运行。第四，科学理性的僭越。随着网络信息的泛滥，网络信息真假难以分辨，这在一定程度上也削弱了人们的道德敏感度。第五，道德教育的偏失。道德教育不应该脱离社会实际，而应该激发学生行善的内在动力，重视学生个人的实际需求。

除了社会原因，道德冷漠的产生还有个体层面的原因，包括道德认知的模糊、对道德行为的逃避、对道德习惯的忽视。具体来说：第一，道德认知的模糊。道德认知的模糊包括道德信仰的缺失、道德同情心的弱化、道德敏感性的丧失。在现实生活中，如何才能促使人们真正地践行道德？提高道德认知的关键在于促使人们认识到道德的重要性和必要性。要能够促使人们从内心真正遵从道德，道德就应该兼具神圣性和实效性。舍弃利益、只顾道德的理念看似崇高，实则无力。仅仅局限于德性论的传统不能给生活最完美的答案，只有全面、客观、公正地审视道德，才能真正揭示道德冷漠产生的根源。道德认知的模糊有多方面内容，包括道德认知的不彻底、道德勇气的不足、道德意志的不坚定。人们要正确认识道德，不能仅仅强调道德的功利性而不承认道德的崇高性，也不能仅仅强调道德成本而不讲道德奉献。出现道德认知偏差的个体如果只注重个体的私人生活而忽视社会的公共生活，只顾自己的利益而无视他人与社会的利益，就容易产生冷漠的心理。因此，人们需要正确把握义与利之间的关系。正确处理道德的有用性与崇高性的关系，才能够形成正确的道德认知，避免道德冷漠现象的出现。第二，对道德行为的逃避。首先是道德责任的分散和削弱。道德责任是指个体对于义务的主动认知、践行与承担。我们知道，责任是人之为人的关键，也是人之为人的意义所在。成为一个人，首先要成为一个有责任心和敢于担当的人。责任本质上来说是人们在实践活动中确立与形成的，责任的担当与践行是个体无法推脱与逃避的。然而，责任的确立与形成离不开主体的意志自由。责任的形成与个体的自我选择密不可分。意志自由首要的表现就是选择的自由，主体确立何种目的以及通过何种方式实现这一目的，体现出个体的自我选择，不能由他者所代替。道德主体进行自我选择之后，就要为此承担道德责任。其次是道德义务的推卸。义务是重要的，也是普遍的。义务是道德自我确立的前提和保障，道德自我的确立离不开对义务的认知、认同与践行。第三，对道德习惯的忽视。当人们对道德事件的关注度降低，或者对自身的道德行为未能加以肯定和强化时，就不容易形成道德习惯。从对道德习惯的理解中，我们可以知道其特性所在。道德习惯是一种不加思考的行为动作，需要主体树立道德自觉性。道德习惯的养成需要坚持对道德行为进行长时间的反复训练，短期内的道德行为不具有稳定性。

那么如何消解道德冷漠现象呢？

第一，重视个体道德情感和道德品格的培养。个体道德情感的培养应该从道德智慧、道德勇气等方面出发。道德勇气是一种勇于担当道德义务的浩然之气，这种勇气建立在相信公平正义的存在和正确认识自身存在方式的基础之上。道德勇气在改善道德冷漠行为中起着持续的推动作用。广义的道德智慧指对道德的正确认识，也就是身处道德事件中时，人们应该以何种技巧处理道德事件，从而得到更好的道德结果和道德影响。高超的道德智慧在对个体道德情感和道德品格的培养中扮演着催化剂的角色。社会冷漠在某种程度上讲也是由于个体缺少心灵的沟通与情感的契合，因而矫正道德冷漠首先就需要增加人与人之间的理解和关爱。就个体而言，要提高道德认知水平。道德认知是人们对客观存在的道德现象、行为准则的主观反映，是个体运用善、恶等范畴进行价值评判和道德选择的过程。道德认知源自生活和实践，是个体进入社会后不断地被规训和教化的过程。通过道德认知，个体明确自身角色，认识到自身应履行的义务与责任，进而增强遵守道德规范的意识。个体明确自我意识之后，才有可能真正地投身到道德实践中，并在具体的道德实践中成就自我。个体的道德认知并不是一次性完成的，而是会经过认同、思考和质疑。道德认知是我们形成道德品质的第一步，个体建立自身的道德认知，才有可能形成良好的道德品质和道德意识。同时，要注重培养道德情感，挖掘情感共鸣。人不仅仅是理性的动物，也是情感的动物。情感是人的一种特殊的心理现象与心灵功能，是个体从事道德活动的基础。人的道德行为是知、情、意的统一，其中情感居于中枢的地位。人的道德行为实际是以情感为基础与核心，缺少个体情感的认同与共鸣就难以产生道德行为。道德行为的产生不仅仅因为个体具有道德认知和辨识，也因为具有道德情感。同理，道德冷漠现象产生并不是因为人们对道德知识的未知，而是由于缺乏道德情感的共鸣。道德情感是人在道德行为过程中表现出来的爱恨情仇等心理活动与情绪体验。从表象来看，道德情感产生于人的本能。其实，道德情感来源于人的实践活动。道德情感是个体在实践活动中形成的稳定的心理结构，有着稳定的倾向与趋势。既然道德情感如此重要，那么我们应该如何培育人的道德情感？且如何对人的道德情感加以运用呢？我们要注重以境养情，更要注重以理养情。通过提高道德素养来提升个体的道德情感，养成个体的同情心和慈悲心。

第二，塑造群体对道德行为的日常反思能力。要想改善道德冷漠问题，就应该培养大众对道德态度和道德行为的日常反思能力。我们对社会既不能全盘肯定，也不能全盘否定，而应该站在历史唯物的角度进行全面和客观的分析。社会道德冷漠作为一种善的匮乏，体现为道德敏感的缺乏、道德判断的搁置和道德实践上的不作为。道德冷漠可以被理解为一种"平庸的恶"，我们要反思社会道德冷漠的原因，具体来看有三方面：一是追求名利的心理。对物质利益的过度追求，使得一些人唯利是图，忽视对自身德性的培养。二是道德约束能力的弱化。良好的道德约束力是个体自我调控的前提，是使人们能够自觉遵守道德规范、维护社会道德秩序的保障。道德冷漠现象的产生与个体道德约束能力的弱化有关，是人们同情心和共情能力缺乏的表现。三是道德激励制度的缺失。道德激励制度具有整体的价值导向作用，可以使人们的心灵受到熏陶感染，进而促使人们做出道德的行为，在社会中形成一种扬善抑恶、扶正祛邪的道德风气。离开道德激励制度，一味地强调道德的高尚性并不有利于道德行为的持续发生。另外，面对社会中的道德失范现象，我们应该保持理性的态度。社会整体的权利和义务结构越公正合理，越有利于人们的道德水准和社会文明程度的提高。社会确立的道德秩序与伦理规范应该有助于美好社会的构建，如此建立的社会既充满活力又充满友善，既是自由的又是平等的，既是公平的又是正义的，既是稳定的又是和谐的。

第三，加强大众的价值教育。正因为大众的伦理反思能力不足，所以将伦理规律渗透到大众的日常生活便成为改善道德困境的重要措施。将伦理规律渗透到大众的日常生活是指摸清道德在社会发展中的规律，通过科学的方式将道德规律渗透到大众的生活当中，使伦理规律变成道德黏合剂，从而将主体和客体紧密连接起来。营造和谐的道德氛围主要从两方面着手：一方面，建设良好的家风是营造和谐道德氛围的基础；另一方面，营造和谐的社区氛围是营造和谐道德氛围的抓手。价值教育是开展道德教育最主要的方式之一。价值教育在具体方式上体现为学校教育、职业教育和社会教育，在内容上体现为中国传统美德教育、马克思主义辩证思维教育和当代社会主义核心价值观教育，在范围上体现为单一的品德教育转向融合多学科（心理学、社会学等）内容的交叉德育。在教育方法上，不能仅仅传授教学知识，也要培养具有高尚品德的人。教育管理者应该将学校视为真理与智慧的摇篮，将自由与真理视为最终的价值追求。教师应该将自己的事业视为神圣和崇高的，而不仅仅是谋生的手段。学生应该通过努力学习来提升个人认知，追求社会、自然与世界的美好理念，增加对美好生活的理解。总之，价值教育的宗旨应该是让人获得至善的理念，学会思考生活的意义，提升自身的人文知识与人文素养。好的教育能够将人的能力由潜在变为实际存在，通过知识将人从自然、社会与自身的束缚中解放出来，从而实现个体的自由与社会的自由。

自由阐述

边尚泽：我认为产生道德冷漠的一个本质原因是身份问题。我们现在的一种伦理或者道德思考，是基于陌生人之间该如何相处来谈的。比如我们常说，每个人都有追求自己幸福的权利，但前提是你不侵害他人利益。事实上，人和人之间的关系并不仅仅是陌生人关系，而且有基于不同身份产生的各种各样的复杂关系。以家庭中的冷漠为例，如果我们从陌生人的角度来讲，这种冷漠的相处模式完全是道德的，你没有必要对他人过于呵护和贴心。但事实上我们发现，家庭成员有着自己特殊的身份和角色，基于这种特殊的身份，父母肯定对孩子要比对陌生人有更多的道德要求和责任。因此，家庭中的道德冷漠是一种不道德行为，因为忽视了家人身份带来的道德责任。回到我们的实际生活中，人与人之间不仅是陌生人关系，还会有比陌生人更亲密的关系。因此，我们不能仅仅遵守陌生人之间冷漠的道德关系和要求，也不能只以陌生人身份自居。我们之间可能有很多共同点，比如处于同一民族、同一学校、同一地域共同体。这里我有一个疑问，个人性格特征能否被视为道德冷漠？有人内向含蓄，有人热情大方，似乎前者更被视为道德上的劣势方，而后者很大程度上能够获得道德上的支持。另外，人们设立的道德指标潜在地要求所有人服从于它，但是如果道德指标要求过高，就相当于是道德绑架。因此，我们能否允许社会中的部分人处于道德的完全状态，另一部分人处于道德的及格状态？例如，当我们谈"小悦悦"事件时，最让人痛心的地方并不在于这17个人中的某个人见死不救，而在于这17个人中竟然没有一个人前去救助。我们允许一些人在利益和道德之间挣扎，但至少期待还有一些人在面对他人危难时不会袖手旁观。

陈佳庆：通常情况下，道德冷漠似乎被直接定义为一种恶。那么到底什么是道德冷漠？我认为，道德冷漠是指我们做出非道德行为后，仍然表现出一种情感上的麻木。无论是伦理学还是道德哲学，都是对行为的规范和要求。但是行为规范有很多层次，如正当的要求、合理的要求或者合乎规范的要求，而道德要求在整个道德哲学里属于最高层次的要求。康德的道德形而上学给我们提供了两套规范，或者说两种层次义务：一种是完全义务，另一种是不完全义务。实现他人的幸福是一种德性义务，它是不完全义务，不履行也不会受到谴责；相反，完全义务是一定要履行的。对于摔倒的老人，我即使选择不扶也没有违反任何法权义务或者完全义务。有人认为康德的德性义务或者不完全义务也是我们要追求的，因为我们要实现目的王国，最后还是要上升到道德层面。另外，我认为"彭宇案"不适合谈论道德冷漠话题，因为"彭宇案"已经发生反转，案件的核心是彭宇通过隐瞒事实真相，利用制度漏洞制造舆论，其本质就是撒谎和欺骗大众。显而易见，这是一种不道德行为或者是一种罪恶，和道德冷漠并无关系。从民众角度考虑，如果民众讨论的事情是我们不扶，这才是一种冷漠。但此案中，民众被蒙蔽，无法知晓实情，所以才会讨论要不要扶。我认为，"小悦悦"案件更适合大家讨论"扶不扶"问题。另外，在很多案件中，好心人最后成为被讹诈的对象，这样的案件我们又应该怎么看待？当我没有履行完全义务，同时又遵从个人善，那么我是否不应该被指责为道德冷漠？

武强：我注意到一个细节，从"彭宇案"的审理经过来看，刚开始一审判决时，原告提出来的赔偿费用是13万元，进入二审判决后，双方达成和解，和解费用仅1万元。从案件本身来看，一审和二审提出的赔偿数额差距很大，这中间肯定有道德和利益的衡量，也确实对我们的道德和司法审判提出了挑战。如果一开始大家都彼此信任，就不会使事件来回反转。这里我想到一个解决方案，就是依靠政府指导来帮助解决道德冷漠问题。我们总是过分地强调法律的作用，没有把法律和道德很好地结合起来。以前法官判词中很少有道德上的谴责，而现在法官判词中已经出现道德上的谴责。因此，在我们国家，政府应该担负起这种职责，主动承担对舆论的引导和监督责任。同时，对于道德冷漠问题，我们更应该从社会发展的角度寻求解决办法，而不是仅从个人方面找原因。以犯罪行为为例，犯罪不只是个人问题，它与社会生产和交换也有关，是整个社会环境造成了犯罪行为。因此，要想避免道德冷漠的发生，就要在发展经济的同时，培养良好的道德环境。

沈琪章：我认为道德冷漠是对道德规范、道德情感的不顾与排斥，而不是对某种特殊的具体的道德行为的拒斥。每个人都有追求善的权利。如果我们仅仅追求对自己来说是善的事物，这是否就是道德呢？我认为不一定，因为道德必须涉及为他人做出的善，或者说不损害他人的善。那么就会有人问，如果在"小悦悦"事件中我不选择救助，就能说明我不道德吗？因为我不伤害小悦悦，所以我就无须为之负有道德责任。但是，随着人类社会文明的不断发展，不作为其实已经构成了某种恶或者某种不道德。我们肩负的责任和义务并不仅仅针对个人，也针对整个社会。例如，我去看电影，恰巧路边出现一个乞丐，他非常需要一笔钱来养活他自己，我是否需要把今天用于看电影的钱都交给他，让他的生活过得好一些？从后果主义的角度讲，"小悦悦"案件中路人的道德冷漠没有产生好的结果，因为在结果上小悦悦死了。从抑制恶的角度来看，这件事刺激了恶的产生，因为一旦我们将这种不作为的行为推广开来，就会产生各种各样坏的结果，导致人人自危。为此，我们有足够的理由谴责路人的冷漠行为。但是，我们又不能无限制地将这种责任推广开来，比如当我需要对非洲难民和对自己亲人负责时，这种责任能否等同？因此，我觉得问题的核心在于：我们在多大程度上对他人负有责任？

范向前：我认为"彭宇案"是引起道德冷漠极为重要的案例，它在全国范围内引起了轰动的社会效应。在《萨特说人的自由》中，萨特（Jean-Paul Sartre）提到："人的存在先于本质，而且人的存在一开始就是自由的。"①近代笛卡尔（René Descartes）主体哲学的发展，也在一定程度上影响着人们道德信仰的树立。我们身处碎片化的时代，只关注自己，以自己为中心，其结果就是自我主义的产生。当那些崇高的理想与信仰被抛弃，道德必然走向虚无主义。因此，身处这个时代，树立道德信仰变得尤为关键。康德在面对道德法则时会产生敬畏之心，感觉到自己的渺小。从主体性确立到现在，人们逐渐抛弃理想信念。因此，我们要从根本上树立道德信仰和道德理想，建立起世界格局。当然，人作为世界的存在者，不能只关注人自身，否则容易导致人的狂妄。人从根本上还是要正确认识自身在世界中的地位，从而产生对理想信念和道德价值的追求。同时，当我们建立道德体系时，就应该建立多层次的道德体系。我们不是单一地就某个方面进行道德判断，认为一个人要么是

---

① ［法］萨特：《萨特说人的自由》，李凤编译，武汉：华中科技大学出版社2018年版，第23页。

好人，要么不是好人。道德在自身发展过程中，应该逐渐走向多层次领域。我们既赞美舍己为人的高尚品质，又支持在力所能及范围内给予他人帮助的行为，也接纳只顾自己并且不做坏事的行为。

徐乾：我国的传统道德体系相对完善，但近代以来，由于受到西方外来文化的影响，有人对我们的传统文化持有全盘否定的态度，使得传统文化遭到破坏。现如今，随着市场经济的发展，一系列的道德问题产生，人们对于金钱的追逐导致对人的关怀的缺失。社会主义荣辱观和社会主义核心价值体系等道德体系的建立，有助于培养人们良好的道德品质。关于道德冷漠问题，在我看来，默认和纵容恶的存在，也是故意为恶的表现。虽然人们拥有正常的道德认知，但是基于种种原因会对自己进行道德催眠，从而排斥道德责任。我认为，并不是市场经济的发展带来了道德冷漠，而是人们对于金钱的竞相追逐导致对人的冷漠。同时，如果人们没有正常的道德认知，或者道德认知不在同一个话语体系或者同一个层面上，那么讨论道德冷漠问题是无意义的。我们亟须建立共同的道德认知，包括道德含义和道德评价内涵，才能顺利地对问题展开分析。另外，道德话语权到底由谁来掌握？这个也需要政府和国家主流媒体作出道德判断。与此同时，我们又该如何看待政府和国家主流媒体对案件作出的道德评价？

王席席：道德冷漠现象是一种负面的社会现象，它是行为主体由于没有担当而表现出冷漠的态度和行为，是一种缺乏道德敏感度、同情心和逃避道德责任的表现。道德冷漠实际上是一种善的缺失，但是我们又不能把它称为恶。我认为，可以将其理解为平庸的恶。道德冷漠的产生，其最主要的社会因素是经济因素。随着城市化的推进，传统的由地缘、业缘和血缘组成的熟人社会不复存在，陌生人社会逐渐形成。在陌生人社会里，人与人之间的关系是陌生的。人们只关注个人的活动和利益，个人主义、功利主义、物质主义和享乐主义盛行，每个人都被抽象为社会中的经济人，不自觉地追求个体利益的最大化。接下来，我就老人摔倒该不该扶的问题谈一下个人看法。我会更多地从个体生命的角度对这个问题进行思考。个体生命对于每个家庭来说，都是不可承受之重。我曾经在思政课教学中引入一个案例，通过这个案例，我发现很多学生的道德情感、道德意志和道德认知已经达到较高水平，但要把这种道德情感真正落实到实际行为中时，他们又会考虑到其他方面的因素。因此，只有在道德情境中不断地实践道德行为，人们才会更容易在危难时作出正确的道德判断和道德选择。

刘壮：我认为，对道德问题的研究，不应该仅仅在哲学层面上进行，因为仅从单一学科来看问题，只会使研究的视野变得狭窄。我们可以从社会学的角度来探讨道德问题。一个社会由什么构成呢？是由看不见摸不着的道德构成的。如果社会不存在，道德必然不存在，因为道德是维系社会存在的纽带。我们感慨世风日下，人心不古，所以在他人需要帮助时，我们认为不应该袖手旁观。我们讨论道德冷漠问题，首先要理解其概念。中国一则成语"知恩图报"恰当地反映了关怀者与被关怀者之间的良性关系。当被关怀者没有及时地反馈和表达谢意，关怀者也会在精神和心理上受到负面影响，以至于降低做好事的意愿和动力。在我看来，这种行为也可以被视作"道德冷漠"。一方面，功利化的思想促使人们过分强调付出与回报之间的相关性。如果我做一件好事，没有得到应有的赞扬和肯定，我自然会选择规避做好事的行为。另一方面，现代法律中的法权逻辑使得道德冷漠有了正当理由。人们认定权利和义务才是自身行动的法则，遵循"法无禁止即可为，法有规定不可为"的金科玉律，这也造成了对道德责任的沉默。同时，我们必须注意，不能仅仅从伦理学的角度来看待道德冷漠现象，而应该从道德与社会、道德与经济、道德与法律之间的关系来探讨道德冷漠。我们不应该仅仅对道德冷漠问题进行理论研究，更应该从多种学科角度出发，探寻解决道德冷漠问题的可行性方案。

陆玲：我认为，道德冷漠现象产生除了有社会层面、文化层面的因素，还有心理层面的因素。道德冷漠现象是一个多学科领域问题，涉及法学、社会学、心理学、伦理学等学科领域。道德冷漠问题可以从心理学角度进行阐释。我们通常讲的道德认知的模糊、同情性的弱化和道德敏感性的缺失都可以归结为道德心理层面的问题。《亲密关系》(Relationship：Bridge to the Soul) 一书提到："孩童的两大主要需求是归属感和确认自己的重要性。在我看来，这两项需求来自相同的根源，那就是人类共同的'爱与被爱'的需求。"①当人们的需求没有被满足时，就会导致一种情感的缺失，长大后可能会演变成一种心理问题。当个体感受不到爱时，便会不断地向外界确认自己是否重要，以寻求心灵的归属感，因而也无法向外界传递爱和能量。对于单亲家庭的孩子来说，如果亲人没有让他有一种强烈的被关爱的感觉，他就会陷入不断的自我怀疑和自我否定中。因此，道德冷漠也可以从心理学层面找到一种合理的归因。

主讲人　深入剖析

就道德冷漠问题而言，我认为"彭宇案"能够作为道德冷漠的典型案例和代表。我们对新闻事件的评价不是一成不变的，而是随着事件的动态发展而不断变化。在后真相时代，大大小小充满戏剧性反转的事件引导着公众的态度不断发生变化。在"彭宇案"中，整个事件发展到最后，我们才知道彭

---

① ［加］克里斯多福·孟：《亲密关系》，张德芬、余蕙玲译，长沙：湖南文艺出版社2015年版，第28页。

宇确实撞了老人。但是，案情的结果已经不重要，重要的是它带给人的深刻反思和轰动的社会效应。"彭宇案"折射出的道德问题引起人们深思，并引发人们对"扶不扶"问题的讨论。现实社会中，有人在面对道德事件时会采取漠视的态度，有人对他人的求助选择冷眼旁观，也有人对社会热点事件熟视无睹。对于道德冷漠问题，我们需要进行深入分析。具体来讲，道德冷漠的产生离不开社会环境因素和道德主体因素。从社会环境来看，它的产生与经济、教育和制度有关；从道德主体因素来看，它的产生与道德主体的认知、行为和习惯等因素相关。同时，我们谈论道德必然离不开对法律的思考。道德和法律是相辅相成的关系，两者相互促进、相互推动。法律是传播道德的有效手段，道德是法律的评价标准和推动力量。另外，我们可以从道德心理学角度探讨道德与利益之间的关系问题。一个行为要得以真正实践，必须要有足够的精神动力作为支撑。换言之，只有当人们找到充足的心理依据，才会产生强大的道德动机。因此，从道德心理学角度看待道德冷漠问题，也是很好的思考问题的角度。

主持人　总结点评

我认为，"彭宇案"可以用来谈论道德冷漠问题，它涉及新闻的真相反转和动态发展。虽然整个案件存在欺骗问题，引发了人们关于道德问题的争议，但是，我们不必对此持有悲观的态度。虽然"彭宇案"出现了真相反转，但过程中关于"扶不扶"及"道德滑坡"的争论，恰恰证明社会存在着共同的道德认知和道德判断，折射出扶起跌倒的老人才是社会主流的价值判断，反映出公众在一些问题上有着基本的道德共识。我们对道德问题的讨论，更应该聚焦于问题本身，即什么是道德冷漠。道德冷漠究竟是指向人的行为，还是人们对问题的判断，抑或是一种社会现象？因此，如果用不同的方式定义道德冷漠，则其呈现出不同的含义。我在这里举三个例子。第一个例子，设想这样一种场景：当我看到小孩落入水中，周围没有任何人，但由于自己游泳技术有限，我选择了放弃救助。第二个例子，设想这样一种场景：当我同样看到小孩落入水中，并且知道水的深浅不足以对孩子造成生命危险，而自己下水救人会弄脏自己的新鞋，于是我没有伸出援助之手。第三个例子，设想这样一种场景：假如张三的月收入是2万元，当他在商店看到了世界反饥饿组织的募捐，他本来可以用500元让一个极端贫困国家的儿童摆脱饥饿，但是他没有选择捐款，而是给自己女儿买了一个价值500元的芭比娃娃。在这三种行为中，哪一种属于道德冷漠？我想通过呈现一个思想实验中的三种不同情境，让大家进一步厘清道德冷漠的概念及其边界，从而澄清对问题的认识。举这三个例子，也意在说明对应用伦理学热点问题的讨论，首先不是要寻求达成某种结论上的共识，而是要对不同情况加以细致区分和把握，进而划定不同情形之间的边界，明确概念的实质含义，最后通过一种反思平衡寻求达到某种共识性的学术进路和方法。

第五期　家庭与正义

——以《反家庭暴力法》为例 [*]

主讲人：焦金磊

主持人/评议人：王露璐

与谈人：王璐、史文娟、吕雯瑜、侯效星、陈宇、
张萌、陈佳庆、陆玲、范向前、边尚泽

案例引入

最近有两件事引起了我的关注，一是《中华人民共和国反家庭暴力法》（后文简称《反家庭暴力法》）的颁布，二是《道德与文明》杂志推出了一个名为"家庭正义"的专题，并在其中刊登了一些具有启发性的论文。一般来说，我们只会在社会公共领域的议题上讨论正义，却容易忽视这样一个问题：作为社会组成部分的家庭是否需要正义？正义意味着"每个人得到他应得的东西"，这要求我们公正无偏倚地对待每一个人。但家庭中更多地是以亲情与仁爱为基础的亲密关系，这似乎天生就与正义的不偏不倚性所不相容。那么正义与家庭的关系究竟是怎样呢，这是我思考的起点，也是希望借此机会能与大家讨论的一个主题。

具体来说，我们今天可以探讨的是这样两个问题：作为偏倚性关系集合的家庭，是否能够识别出正义的要素？在社会层面中，正义的观念是毋庸置疑的，尤其在以市场社会为主要特征的现代世界中，公平公正是其基础性价

---

* 本文由南京师范大学公共管理学院硕士生范向前根据录音整理并经主讲人焦金磊审定。

值。那么，在现代社会的背景下，家庭的基本结构会多大程度上受到公平公正观念的影响呢?

主讲人 深入剖析

我这里希望以《反家庭暴力法》作为一个引子开展对家庭问题的思考。这个《反家庭暴力法》并不长，只包含三章内容，其中第一章是对这部法律的一个原则性概括，包括何为家庭暴力、家庭内部相亲相爱的道德要求等，而后的二、三章才开始涉及具体的法律条文。值得注意的是，第一章并未涉及家庭内部的正义问题，即家庭内部的权利与义务的划分。

我所想到的第一个问题是，从这部法律的视角来看，为什么家庭暴力是一种错误? 这个问题可能会让大家觉得奇怪，因为暴力作为一种道德错误是显而易见的。但是，如果暴力是一种错误仅仅是因为暴力造成了人身伤害，那么我们似乎只需要依据《刑法》中的有关规则处理即可，为什么还要再用《反家庭暴力法》进行强调呢? 我认为其原因在于，在家庭中使用暴力不仅意味着人身伤害，更重要的是它破坏了家庭的基本秩序。汉娜·阿伦特（Hannah Arendt）论证过，暴力得以使用的地方，秩序本身就已经失败了。[1]这是在说暴力本身就是与人类秩序所不相容的，一旦发生了暴力行径，剩下的就只能是对双方平等理性主体的否定以及依照暴力大小排序的等级制度。换言之，之所以需要在《反家庭暴力法》重新强调暴力问题，根源在于一旦家庭内部出现暴力现象，原有的平等、理性的夫妻关系就瞬间荡然无存了，同时所有通过协商、讨论解决问题的可能也被断绝，相应的任何权利、义务也无从说起了。

---

① 参见[美]汉娜·阿伦特:《在过去与未来之间》,王寅丽、张立立译,南京:译林出版社2011年版。

如果说反对暴力是家庭内部结构的基本要求，那么"爱"就构成了家庭结构的具体内容，正如《反家庭暴力法》强调的那样，家庭内部需要的是互相帮助、互相关爱、和睦相处。在这基础上存在着一些与正义相关的法律要求，比如父母抚养子女的责任，子女赡养父母的责任，夫妻之间的忠诚，等等。换言之，它追求一种相对消极的、保护性的正义。

至此我们可以发现，《反家庭暴力法》是主张任何家庭内部都存在正义的，它鲜明的反暴力立场已然证明了这一点。而在正义的现实形态上，《反家庭暴力法》仅仅诉诸一种法律层面的形式正义。这是在说，《反家庭暴力法》保证了家庭的存在，而不去讨论家庭以何种形式存在，它仅负责消除破坏家庭结构的不利因素——暴力，至于家庭生活是否幸福，它并不加以干涉，无论是夫妻关系的不和谐，还是子女与父母的矛盾，只要不使用暴力解决问题就不会触犯法律，这是《反家庭暴力法》中所体现的正义观念。

从《反家庭暴力法》与《刑法》的区别也可以看出这一点。《刑法》是根据暴力的后果来界定它的危害的，但是《反家庭暴力法》则不考虑暴力的后果如何，只要暴力产生就需要予以制止。这是它们的一个区别，也是《反家庭暴力法》哲学观念的一个证明——国家仅仅负责维持家庭的存在，国家或者法律不干预其他方面。

《反家庭暴力法》的这种观念体现了有关家庭的常识性看法——家庭建筑于情感联系之上。这一观点也得到了许多学者的认可，比如桑德尔就明确表示，家庭中的"大部分关系是靠自发的情感来维系的，因此，呈现于其中的正义环境相对处于较低程度。家庭成员很少吁求个人权利和公平决策的程序，这不是因为家庭存在过分的不正义，而是因为一种宽厚的精神成了家庭的优先诉求，在这种宽厚的精神中，我很少要求自己公平的份额"[1]。也就

---

[1]　[美]迈克尔·J.桑德尔：《自由主义与正义的局限》，万俊人等译，南京：译林出版社2011年版，第47页。

是说，任何家庭关系都体现出"脆弱于计算"（calculatively vulnerable）的特征，一旦我们试图用权利、义务等能够明确计算的话语去把握家庭关系，这种关系也就随之消失了。因为对于家庭，任何人都是"置身事内"的，对家庭关系的理解直接影响到行动者对生活意义的理解，故而不可能置身事外进行计算。正是出于此种考虑，呈现于正义环境中的个人权利和公平决策程序并不适用于家庭内部，相反，宽厚仁爱的精神才是家庭的优先诉求。为了保护家庭关系中的这种爱的连接，我们会拒绝法律，或者说拒绝正义涉及家庭的方方面面。

至此，我想直接引出今天的问题——这种家庭观念是否有能够改进的地方呢？我们知道，古代伦理学或者道德哲学的目的，与其说是让人去改变社会，不如说让人获得某种有关自我的理解。儒家思想也好，亚里士多德的思想也好，都是为了让一个人能够获得有关自己的更丰富的理解。但是17、18世纪启蒙运动和法国大革命所带来的乐观主义，使得人们第一次认识到了通过自己的自主性去改造社会、改造国家的可能性。不仅是启蒙运动的思想家，包括之后的思想家马克思，乃至于当代的罗尔斯都持有这样一种观念——我们可以将自我对于道德的理解直接作用于社会之上，并且直接改变社会的一些状况。

那么，如果我们接受这样一种乐观主义的哲学，是不是也可以认为，对家庭结构提出新的理解，可以帮助我们设计出一种更优越的家庭基本结构？如果正义是一种保护个体利益不被更大社会利益牺牲的美德，那么对于每一位家庭成员生活状况的关注，同样也是正义的话题之一。也就是说，我们不能够仅仅采取法律层面对于家庭的理解，认为只要能够维持家庭结构存在，法律或是社会就无须再做些什么了，我们还需要关注个体在家庭生活中的感受，这也同样是正义的议题之一。如果我们相信人人都应该得到平等的尊重，相信尊重意味着提升他人的自由、意味着让他人有一种开发自身潜力的能力，那么我们就能够相信，对任何一种社会资源的重新分配都是合理的。换言之，罗尔斯在《正义论》中所说的分配正义观念同样可以用于家庭结构内部。

当然这只是一种初步的设想，我们也必须注意到家庭与社会在结构上的差异。但是，我们可以从一个小地方出发——探讨家庭内部经济地位的不平等所造成的后果。可以预见的是，经济不平等会产生两种后果：第一是认知障碍。一个人的经济实力越低、能够掌握的资源越少，他可能会面临的认知困境就越大。在物质财富上遭遇巨大不平等，大概率会导致一个人话语权的丧失，并且被动地接受有关自身劣等性的有缺陷的观念。比如，我们可以看到有些家庭中的妻子一辈子就是做家务（也只能做家务），长此以往，她自己就会认为，"我做不好别的事儿，我只能在家做家务。这是我的职责，是我的工作，或者说是我本人的命运"。这很有可能是经济地位的过度不平等和经济来源长期依赖他人所导致的认识缺陷。第二，高度收入不平等会引起生活方式的疏离。负责获取财富的丈夫与被动接受财富的妻子对于生活的认知通常是不同的，这种认知差异会导致交往过程中的排斥现象，时间长了甚至会导致两个人沟通上的失败，一般表现为夫妻双方的"无话可说"。

从经济不平等的角度看，家庭内部的分配正义是必要且紧迫的。接下来的问题是：分配正义观念是否能够成为家庭内部经济地位不平等的"药方"？一般来说，分配正义的主张大多是出于个体主义的观念。个体主义认为人类本质上可以独立于任何利益和需要而存在，社会或者说任何一个组织目的即在于保护个人能动性。这一观念背后蕴藏的哲理是，家庭并非自然物，而是来自社会建构。因此，社会或是法律干预家庭生活是无可争辩的，唯一要解决的问题是如何干预。然而我们也能看到一种反对意见，其理由是：第一，家庭并非自然事实，比如恩格斯在《家庭、私有制和国家的起源》中详细论述了家庭组织的诞生过程、家庭在原始社会呈现了什么样的状态。这种观念坚持反对个体主义者所强调的一切诞生于社会建构的观点，提醒人们注意家庭的自然特征。第二，即使家庭真的是社会建构，人类也不是抽象的个体集合，而是依据种族、性别、年龄和社会关系等关系的集合，每个人的能力和需求各不相同。如果我们仅从抽象个体出发，那将无法识别男性与女性在家庭生活中的差异，这就已经对女性造成了压迫或是偏见。因为女性不可能像成熟男性那样，可以抽身于自身之外，女性的自然属性使其表现出不同于男性的理性能力。在家庭内部，这种能力的区别同样也反映在家务分工上，例如，生育过程只能由女性承担等。反对家庭内部分配正义的另一个理由是，如果我们将家庭看作纯粹的社会建构而忽略其自然结构，可能会带来政治灾难。如果家庭并非来自自然而是来自人为建构，那么男性在人类文化的成就将被提升到空前的地位，因为这种认为男性和女性可以完全剥离自然属性的观念，本身就是以男性为代表的理性主义的基本理念。它不仅会将男性和女性的经验过分简单化，而且会模糊男女在相互交流中本身就存在大量支配的基本事实。总而言之，性别差异所导致的男女差异并非只有理性能力，还包含一些生理基础，而生理基础构成了人们反对家庭内部分配正义的理由。

对于反对者的担忧，许多家庭内部分配正义的支持者希望通过不那么激进的建构论作出回应。他们主张，人类的某些特性虽然由家庭所决定，但我们同样具备独立于社会习俗之外的能力，故而不应该对自然方面的依赖产生恐惧。因为道德体系最终是人类社会的创造，也最终要解决人类社会的共同问题。

以上是针对这一议题的一些争论，人们对于家庭中是否需要正义的问题一般没有分歧，真正引起争论的是：家庭中需要怎样的正义？社会是否应该致力于对家庭财富分配状况进行调整？从实践上说，是否应该对每一次家务活动进行工资上的界定？欢迎大家热烈讨论。

自由阐述

边尚泽：我认为家庭之中需要一种分配正义，但在我看来需要分配的并不是某种善，即不需要通过分配某种财富或者抽象善观念来实现家庭成员的地位平等，需要分配的恰恰是某种恶。当然，这里的"恶"不是一种精准的表达，更合适的表达也许是，需要分配或平衡家人之间的某些伤害能力，而不是分配家人之间的互助与关爱。换言之，当我们讨论家庭实际问题时，我们要做的不是去讨论如何创造更多的美、善、平等或者某种正义，而是去讨论家庭成员之间不可避免的不平等。我们需要去制造新的不平等，而使得两者在不平等的基础上达到一种平衡，以此来维系这个关系。举例来说，在唐朝的中央权力机构里，因为有权力的上下级关系，所以皇帝可以直接控制宰相，宰相无法对皇帝进行反抗。但是他们设置了一个新的官职叫作谏官，在政治层面上，谏官可以对皇帝的角色作出严正的批评，可以挑战乃至伤害皇帝的政治权威性，而且谏官对皇帝的这种政治挑战是受到支持的。同时，谏官听命于宰相，这就使得宰相通过谏官这个特殊的途径，可以对皇帝有一定的制衡。因此，本来皇帝和大臣这样不平等的关系，因为谏官的存在而得以平衡。在唐朝时期，正因为有这样的政治机制，君臣关系处于非常和谐的状态。[①]参照这个模式，我们会发现，即使是在一种存在明显的地位不平等的情况下，一种和谐的相处关系也并非绝无可能，而其中的关键就是处在弱势地位的群体能通过有效途径向相对强势的一方表达自身的观点、情绪，甚至可以消解其权威身份，或者说对其在家庭中的较高身份拥有一定的挫伤能

---

① 参见钱穆：《中国历代政治得失》，北京：生活·读书·新知三联书店2018年版，第82—85页。

力。这一渠道的作用可以是间接的，但一定是弱势方所直接掌控的。那么回到我们讨论的语境，在家庭中，我们应该也可以支持弱势方通过某种途径来取得对强势一方的制约，沟通、商谈或者直接宣泄自身情绪，甚至是使用某种暴力的形式（语言或身体的），这些方式是无关平等的。

焦金磊：所以在你看来，家庭谩骂这些东西是可以接受的？

边尚泽：从某种角度上，我们需要支持这些行为。但是我们要做的并不是对坏的事情置之不理，而是思考怎么去对待它。换句话说，我们需要分配的不是某种善，而是某种恶。

王璐：刚刚主讲人提到，家庭生活中，全职服务于家庭的一方（家庭主妇或家庭主夫）在收入方面会远远低于另一方，这会造成夫妻双方之间的隔阂，这种隔阂一方面体现在生活方式上，另一方面体现在情感上。如果从分配正义的角度来讲，我们通过对家庭收入进行再分配，是否可以减少这种隔阂？

焦金磊：反对者的意见恰恰就是，他们认为这种再分配是不可能的，从实践层面看是异常困难的。

王璐：这就是因为大家保持着固有的观念，认为家庭工作不可以量化，难以用工资来衡量。但是，如果把这份工作看作雇佣保姆，也完全可以进行量化。

焦金磊：确实会有这种说法，但我们把妻子看作雇佣的保姆，本身就已经破坏了家庭关系。

张萌：破坏家庭关系不就是不平等吗？我觉得本质的问题是家务属不属于劳动。

王璐：如果男性同样承担家务，即每一个家庭成员都参与家庭事务，就不存在不公平的问题。

焦金磊：如果认为家务算分配正义，就会面临这样的问题：我在家把纸扔到垃圾桶或者洗碗也要得到相应的报酬。

张萌：我觉得，要是这么讨论的话就极端了。但问题是分配东西就会要求这样计算。

王露璐：如果大家共同承担家务活，那么应该如何量化家务活？你能够非常平均地把家务量化成三份，然后每人做其中一份吗？

王璐：我觉得这很难，这需要爱来调节。我们都达成共识：家庭内部的工作需要家庭成员共同完成。当然家庭内部的分工很难进行清晰的划分，如果有人愿意多做一点，那家庭关系就会融洽一点。因此，分配正义是有限的。

焦金磊：对，但问题是正义这个概念本身就是拒绝爱的。正义不是一种美德，它是美德的美德。它要求你平等地对待每一个人，而不要求你接受某种特殊的道德观念，比如家庭道德。那么家庭中到底需不需要分配正义？分配正义可以给予妻子、子女报酬，因为妻子照顾家庭，子女给父母带来了快乐，但这样就会存在很大的问题，即正义与爱相抵触。我们当然可以先有正义再有爱，可是正义本身并不吁求爱。如果我们要通过爱去解决问题，那就不需要正义。这是《正义论》的一个基本观念。

张萌：我这么说，已经是假定家庭中必然是存在爱的。两个人组建家庭首先是通过婚姻，而一般来说理想的婚姻前提是男女平等。现实情况中，男女双方不一定平等。这就是为什么一个家庭需要正义，或者说需要分配正义，因为它不平等。

史文娟：家庭是社会的组成部分，家庭的很多东西也是和社会连接在一起的，我认为要把社会层面的内容放进去。从分工的角度来讲，在家庭内部，这种分工可以理解为家务的分工。刚才有人也提到，分配正义是和经济联系在一起的。放到家庭中，是否可以认为女性承担的家务多少，很大程度上取决于她在经济上对男性的依赖程度？

王璐：以前的劳动分配不就是这样的吗？男性在外面工作挣钱。

焦金磊：现在还存在一个问题，大家认为家务是家庭必不可少的一部分。但在有的家庭中，女性做家务的原因不是责任，而是男性不愿意承担责任，女性无奈只能承担家务活。在这种情况下，假如男性有收入，他是否愿意支付一部分费用给女性以实现分配正义？我想他肯定不愿意。他认为我并没有主动要求这份福利。于是，这又成为分配正义问题面临的新问题。我刚才讲家庭有一个最基本的正义，保障夫妻双方在法律层面上平等，男性不接受女性支配，女性也不接受男性支配。同样，两个人在家庭中的一切行为有底线，但这个底线很低，这个底线是双方任何行为都不可以破坏家庭结构本身，这也是我理解的《反家庭暴力法》形成的一个重要原因。为什么我们要反家庭暴力？因为家庭暴力会直接破坏家庭结构本身。

王璐：我觉得，现在《反家庭暴力法》提到这种程度，反而是对个人的尊重，并不是为了维持家庭结构。

焦金磊：正是因为个人地位被抬到如此高的高度，我们才发现个人感受和个人地位也是影响家庭结构的一环。因此我在这里才提出这个问题，即国家或者社会层面要不要关注家庭的分配正义问题？

吕雯瑜：我认为国家或者社会层面需要关注家庭的分配正义问题。桑德尔认为理想化的家庭需要一种宽厚的品德，但是，如果以宽厚的品德取代正义的分配，就会导致我们无法公正地分配家庭资源。大家认为家庭伦理关系属于私人领域范畴，可以用爱取代对资源的公平分配。但这对于女性而言，女性会认为自己没有得到应有的分配。女性应该保持自己的德性和智慧，但是，不能因此就忽略女性真正的需求。家庭是道德发展的最初场所，我们学到的正义原则也最初来源于家庭。正义原则如果能够在家庭中得到充分运用，不仅不会损害和谐的夫妻关系，反而有利于和谐关系的维系。将正义原则运用于制度中也是非常有必要的。在很多离婚诉讼案中，女性作为受害者主体，权利得不到声张，法官判决时往往忽略女性真正的需求。以家暴为例，法官会不会因为受暴女性对子女有照顾义务，而忽略受暴女性的真实感受？或者说因为受暴女性具有这种义务，所以法官会不会认定夫妻之间可以继续维持这段不正当的婚姻关系？我觉得这是我们应该去思考的问题。

边尚泽：我能不能把这种正义理解为法律规定，即子女每个月必须回去看望老人，丈夫每个月必须花时间陪老婆约会？

焦金磊：分配正义要求法律必须干预家庭生活，唯一的问题是如何干预，如果女性做家务，我们该如何给予她报酬？但是，分配正义又要求我们把每个人当作平等独立的个体。假设女性不做家务，也没工作，在这种情况下，她是否应该得到属于她的那一份报酬？这是对分配正义提出的新难题。

张萌：这里需要考虑这个女性不工作的原因，如果是因为生育或者其他原因不能工作，确实需要给她补偿；但如果她纯粹是懒，那肯定不行。

王璐：父母养你的义务不也是到你18岁吗？如果你成年了，你不应该为自己负责吗？如果自己选择不工作和不挣钱，宁愿让别人养，这放在什么地方都是不正义的。

边尚泽：我们可以用这种理由支持他们离婚吗？

焦金磊：这倒不是分配正义的问题，而是懒惰的问题。分配正义运用在社会领域时不考虑社会个体是否存在懒惰现象。个人品质不影响分配观念，因为个人理性在一定物质财富基础上都可以被激发出来。当你正确运用理性时，你就不会懒惰。那么，在家庭中是不是也要求正义？这是分配正义关心的问题。分配正义关心的第二个问题是国家是否应该干预家庭生活？国家如果能够一直保证家庭生活处于良善状态，比如规定丈夫每个月必须跟妻子散步，也很有可能成为分配正义的要求。分配正义之前只关心个体的生活，而不关心家庭的基本结构。《反家庭暴力法》在这一点已经做得很好，它能够保证家庭的基本结构不会因为一些手段被破坏掉。我们现在关心的是家庭内部成员的生活是否允许道德原则进行干预。

史文娟：我比较赞成家庭是通过爱来连接，以正义原则来调和。

焦金磊：你的观点会得出一个让人难以接受的结论：一旦国家判定这个家庭没有爱，就会运用法律在家庭内部进行干预，比如强制家庭成员每个月要有多少亲密活动。

侯效星：不管是分配正义还是何种正义，放在家庭当中去讨论，它最终想要调节的是一个关系问题。因为家庭需要关系、爱、责任和尊重，当然也需要资源。但是，这些东西都是没有办法进行量化的，不能说我今天尊重你，我就需要给你多少钱。因此，在家庭当中没有绝对的正义，也没有绝对的分配正义，只有一种相对正义。在理想的情况下，家庭关系的维护需要以正义为手段，以亲密关系和爱为导向。当这种亲密关系出现破裂时，或者上升到法律层面时，权利和正义可以为家庭提供一条维护尊严的路径。

陈佳庆：对于家庭是否需要分配正义这个问题，我有一点自己的想法。我认为家庭本质上是由爱组成的。在我看来，家庭没有平等这个概念，或者并不需要绝对的平等。就我个人而言，我结婚之后，每个月工资上交，一分钱不留，我也不会因此觉得不平等。但是，一旦爱开始消失，我可能会变得计较，这时候就需要分配正义方面的法律来保障我的利益。因此，如果是健康的家庭，其实并不需要讨论分配正义问题。

王璐：那我来反驳一下，你们都说家庭的成立基于爱，那么一定所有的家庭都是基于爱吗？爱不会消失吗？爱一旦消失，一味付出的那一方又该怎么办呢？恩格斯不是讲过家庭起源吗？家庭不是因为爱才起源的，而是为了继承私有财产。

陈佳庆：但不是有骑士之爱吗？

王璐：骑士之爱不会消失吗？

焦金磊：我认为，在一定程度上讲，共产主义的世界也是通过爱而产生联系的。

王璐：但是现在不是共产主义社会，而且现实生活中很多爱已经消失了。

陈佳庆：家庭中如果有爱的存在，就不需要法律的介入。但是法律为什么一定存在呢？就是因为家庭中缺少爱，需要由法律维护家庭关系，这才是法律在家庭中能够存在的原因。当家庭没有爱时，家庭成员就不能忍受不平等现象，变得斤斤计较，这时候就需要法律予以干涉。

焦金磊：这就会出很大的问题，法律在这里变成了工具，它究竟起什么作用呢？

侯效星：法律本来就是工具。

焦金磊：但问题是，你在有爱的时候是不遵守法律的。

侯效星：不是说有爱的时候不遵守，只是不需要遵守。

王璐：也就是说，当有爱的时候，我愿意接受家暴。当没有爱的时候，家暴对我来说是一种伤害。但是我认为，不管有没有爱，家暴在任何情况下都是不对的。

陈佳庆：当你面对家暴时，爱就已经不存在了。这不是单方面的爱，而是两个人之间的爱。

焦金磊：受虐狂家庭的家暴可以被接受吗？

陈佳庆：我认为可以，因为他们彼此乐意。

边尚泽：我想提另外一种观点，我们有爱的时候不需要法律，没有爱的时候才需要法律。我们能否认为，只有当人诉诸法律时，法律才会出现？

焦金磊：我认为不行，法律不可能因为我诉诸法律才出现，在我想杀人时，我一定不会诉诸法律，但是它一定会出现。

史文娟：我记得沃尔泽（Michael Walser）曾认为，尽管家庭是特殊关系的领域，但只要有分配存在，就有正义与非正义之别。[①]在平等的情况下，大家进行各种各样的分配。我觉得，要解决家庭内部分配正义的问题，就要以性别平等为基础。

焦金磊：我还是比较赞成分配正义。家庭很多利益来自一种协作，而这种协作也属于分配正义。

史文娟：现在的《反家庭暴力法》是以性别平等为前提的。其只在最后的时候提到与弱势群体等相关的问题，在前面的时候并没有指出面对不同的性别时应该怎么做的问题。因此，这是在现代意义上、在性别平等的基础上提出

---

① ［美］苏珊·穆勒·奥金：《正义、社会性别与家庭》，王新宇译，北京：中国政法大学出版社2017年版，第158—159页。

的。我个人认为，关于做全职妈妈是不是牺牲的问题取决于该女性自己。有些女生从小的梦想就是长大了能够做全职妈妈，你能说这是一种牺牲吗？再者，正义是需要培养的，家庭相较于学校更为重要。借助罗尔斯的观点，正义的环境才有利于培养儿童的正义感。那么，从这个意义上讲，如果做全职妈妈更有益于培养儿童的正义感的话，那是否可以认为这不是一种牺牲呢？但是反之，如果女生被逼放弃自己的职业，违反其个人意愿成为全职妈妈，这就是一种牺牲。

边尚泽：比如我是个全职爸爸，情感上认为全职爸爸是一种自我牺牲，即使我培养的孩子很优秀，对社会作出贡献，但我依然觉得自己在做一种牺牲。

史文娟：我觉得这涉及分工的问题。刚才讲到分配正义时，大家所有的探讨都在说义务上的分担。但是它还涉及权利问题，权利和义务才构成分配正义的要素。因此，对于全职爸爸/妈妈这个问题，如果是在分配正义的框架下，我们要看权利是什么。

边尚泽：因此这里需要讨论的是，我为什么会做全职爸爸？

焦金磊：我们在这里不用讨论全职爸爸/妈妈，我们应该思考这种牺牲换来的权益是什么。

史文娟：那么，你说分配正义时，还是会涉及权利和义务的统一。但是，刚才大家说的都是义务上的分担。不管是家庭事务也好，还是其他的分担也罢，并没有说另一部分。还是说你已经预设了另一部分，即就自然的权利而言，男性本身就是比女性多？

焦金磊：或者我们不妨换一个问题。目前关于家庭内部分配不正义的争议有哪些？不赞成分配不正义也是因为分配不正义现象是可以被容忍的，而不是因为这些东西不存在。如果是这样，大家觉得现有的分配不正义现象有哪些?

边尚泽:我觉得生育是一种不正义。

焦金磊:生育首先不是一种自由选择,女性生育的本质是一种强迫,你没有办法改变它是强迫的事实,因为我们不可能让男性生育。我认为生育是不正义的:第一,女性生育是一种强迫。第二,生育确实会对女性造成损害,而对于男性没有太多损害。女性所遭受的这种损害能不能得到合理的补偿,是一个待定或者无法回答的问题。我认为,对于女性的某些损害是金钱或者关爱无法补偿的。

王露璐:生育对于女性的损害是没有办法测量的。

焦金磊:女性因为生育,而对子女有一种天然的情感倾向,她不自觉地会愿意承担起家庭责任。但是这种现象不是必然的,因为也会有不负责任的母亲存在。

史文娟:恩格斯认为生产有两种,其中之一即为"种的繁衍"①。如果说符合自然本身是一种正义,那么其实对于女性来说,她的生育符合繁殖的需要,从这个角度上来说它也是一种正义。

边尚泽:我在思考,家庭中存在哪些分配不正义?我们赋予丈夫和妻子的期待不同,这种不同会导致他们在生活中会产生摩擦和争吵。在家庭中,男性和女性都有责任承担家务活,但是社会对女性的角色定位就是,女性应该承担更多的家务活。

焦金磊:这是一种有缺陷的社会意识。

---

① [德]恩格斯:《家庭、私有制和国家的起源》,中共中央马克思恩格斯列宁斯大林著作编译局编译,北京:人民出版社2018年版,第4页。

吕雯瑜：我们对男女平等问题不仅仅是从生育角度去思考，更多是从男女的社会地位或者政治上是否平等来思考。具体来讲，我们不应该从生理、心理或者经济上来确定女人的地位，而应该从社会发展的整体角度判断女性与男性的区别。男女在性别上的差异仅仅是一个方面，真正的差别在于政治化过程中形成的政治地位上的不平等。对女性的社会分工和权利的分配，在某种程度上加剧了女性地位的不平等。因此，我们应该对男女平等问题的界限进行探讨。如果这个界限探讨清楚了，则有助于加深我们对正义问题的认识。

焦金磊：你觉得什么是男女平等？我们认为男女平等是重要的，家庭必须要有正义。但同时，我们在讨论家庭或者亲密关系时，又不得不借助爱这样一种语言去描述。就像刚才有同学说到，我们在恋爱中互相计较得失，是不是这样的行为已经破坏了恋爱关系本身？

陈佳庆：在家庭中，有关男女权利的立法越深入和细致，家庭关系就越难以维系。法律将家庭中的一切都规定好，那么我们似乎就不需要为组建家庭做任何努力，爱在这个过程中便成了可有可无的东西。

王璐：所以需要对方回答一下，为什么家庭是正义的？

陈佳庆：其实刚刚我想表述的是家庭内部不存在正义的概念。如果家庭越发看重正义概念，那么家庭本身就越趋向于消亡。家庭和正义两个概念似乎是此消彼长的关系，至少对于传统的家庭概念来说是这样的。

焦金磊：之前讲的一些价值是精于计算的，你计算得越清楚，价值就消失得越多，因为价值无法独立于它之外去理解。进一步讲，在家庭中过分强调权利和义务，本身对家庭结构就是一种破坏。但是，我自己对这种理论是否可以成立也心存疑虑。难道说为了维持家庭结构就可以破坏正义原则？

陈佳庆：现在我们国家存在以下三个事实：第一，我们的文化传统历来看重结婚成家的意义；第二，现在很多年轻人不愿意结婚；第三，现在国家鼓励、提倡生育。很明显这三者是无法全部实现的。如果未来生育率是必须保障的，而年轻人不结婚的意愿不能改变，那么最后我们只能放弃对于结婚成家的执着，允许甚至鼓励非婚生子的行为。在未来，单亲妈妈在婚姻市场上也基本上不再会受到歧视。

张萌：通过你的表述，我感觉你似乎不太了解单亲妈妈的生活。站在你的立场上，单亲妈妈在婚姻市场上没有受到歧视。但是，你试图在婚姻市场上找到她们的价值，这恰恰证明了单亲妈妈受到了歧视。

陈佳庆：对，现在中国的单亲妈妈会受到很严重的误解和歧视。如果以后我们国家也像美国那些西方国家一样，不再将结婚作为生育的前提，只要法律规定好双方需要履行的义务和权利，比如说男方需要定期支付抚养费，那么长此以往，社会观念就会改变，单亲妈妈可能就不会再受到歧视。如果男人足够有钱，除了付出金钱，他不需要承担任何金钱之外的责任。立法给予非婚生子女和其他孩子一样的权利，那这势必有利于提高生育率。现在有一部分人认为，要提高我国人口的增长，唯一的方式就是允许非婚生子的行为。但是我对此难以接受，因为中国历来重视家庭伦理关系，难道未来我们真的不再重视家庭概念，或者说现有的家庭概念真的会在未来消失吗？但是，现在法律确实已经允许非婚生子行为。也许法律和分配正义的实施真的可以改变我们传统意义上的家庭概念。

史文娟：我觉得这应该不是两个国家之间法律差异的问题，而是文化差异的问题。可能我们国家本身的文化积淀使得我们很看重家庭伦理，重视以和为贵的家庭理念。而大家刚才所说的对于单亲妈妈，或者离了婚的男女的偏见也是基于文化，而不是法律。因此，这和法律是否需要规定未婚可以生育等问题是没有关系的。

陈佳庆：法律承认了非婚生子这一行为，承认了以这种方式出生的孩子的社会地位，而且社会也确实有生育率方面的需求，鼓励大家生孩子。我认为男女都有选择结婚与否的自由，不一定要被婚姻捆绑。我们为什么一定要选择结婚成家呢？现在已经有女性选择一辈子不结婚：我不需要丈夫，我一个人可以生孩子。如果这样发展下去，中国的家庭伦理文化就消失了。另外，如果社会上大部分都是这种单亲家庭，而有传统家庭的人反而成为少数，就不会有人再歧视单亲家庭，甚至传统家庭反过来被歧视也不是不可能的。

焦金磊：你认为个体不可侵犯，所有人生来平等。问题是，你接受人生而平等的观念，但是怎么保障平等进入家庭领域后不会让位于家庭之间的亲情？

陈佳庆：柏拉图认为要想形成正义的城邦，使城邦里的人产生共同的意志，就要促使不同阶级的人各司其职，最后由哲学家统一领导。正义的城邦要有阶级的差异性，我们不能说这就是不平等，我们也要正视差异存在的必要性。

焦金磊：但是柏拉图不会承认人人平等。

陈佳庆：我研究过科斯嘉德（Christine Korsgaard），她非常赞同规范性来源于统一的主体，她以柏拉图的城邦为类比。但是，她是康德主义者，当然不会不讲平等。她认为理性存在者都是一样的。康德虽然热心于法国大革命，但是他认为革命是不对的，因为革命会破坏国家的共同意志，是不正义的。我认为家庭类似于男女之间形成的共同体，好的家庭必须达成内在的统一，而这种统一也是建立在内部差异的基础上，比如丈夫和妻子的分工就是具有差异性。我认为家庭需要承认这种差异存在的必要性。

焦金磊：你也持有一种保守主义观点，认为风俗习惯有一种无可替代的重要性，认为它应该大于我们对原则的理性设计。但是认为家庭正义比较重要的人往往持有这样一种观念，即我们可以通过对道德原则的设计来解决生活中各种各样的问题。但是这样的观念夸大了理性的作用，以至于有些问题不能被解决，甚至不能被称为问题。

陈宇：大家的讨论一直集中于家庭内配偶的关系上，而忽略了父母与子女的关系。社会中存在很多子女不赡养老人，甚至打老人的现象。因此，家庭关系不仅指父母对子女的关系，还指子女对父母的关系。我觉得《反家庭暴力法》就适用于这种情况。《反家庭暴力法》不需要探讨家庭内部是否存有爱，更多是作为一种道德规范的形式来约束大家的行为。这种法律制度可以降低恶性事件出现的频率，甚至阻止其发生。社会也会更加和谐，我们也能够逐渐过上自己向往的生活。

吕雯瑜：我们还应该探讨正义在家庭内部是否具有优先性。正义的存在必须要有相应的环境，而家庭不具备正义的环境。在大多数人眼里，我们依靠自发的情感来维系家庭关系，正义原则不适用于家庭这种私人道德领域。但现实中的家暴案件给我们呈现了一种非正义的现象，又证明家庭内部需要法律加以调节。

史文娟：大家刚刚谈到性别平等的问题，不知大家是否发现，我们通过完善法律法规等措施以实现职场上的性别平等，而近几年，大家对于性别平等的关注也延伸到除工作外的其他领域，比如在家庭中女性开始觉醒，呼吁家庭中男女平等。家庭是社会的一部分，我认为只有在社会中实现性别平等，才有助于家庭层面实现性别平等。但是这需要的是观念上的转变，并非一朝一夕就可以完成。

边尚泽：在社会领域内，我认为男女平等并不一定好，因为男女有别才更有利于社会的发展。

焦金磊：这正好是我们讨论的观点，即男女平等或者家庭正义本身没有问题。所有人都承认法律层面的平等，就不会产生性别歧视。我们所讨论的是分配上的平等。相比于男性，女性在获取社会资源方面处于劣势。男性和女性在获取社会资源的数量上是否应该达到平等？平等的理由又是什么呢？

张萌：这种平等的理由就是人可以独自活着，人应该享有自己的权利。比如，去年我看一个有关宅基地的节目。在农村，女性是没有宅基地的，如果女人在农村没有丈夫或者儿子，她就无处可去，只有选择结婚和生孩子才会有依靠，在这种情况下的分配本身就是不平等的。分配宅基地时，只有女儿的家庭是不予分配的。女性只有进入家庭之后才可以依附于男性，跟他共同享有宅基地，否则就没办法享有。像这种情况，男女之间必然要实现分配正义。

陈佳庆：家庭让她获得分配正义。

张萌：不是家庭让她获得分配正义，是这种要求让她不得不进入家庭，这恰恰证明了她跟他是不平等的。

陈佳庆：那不就是法律本身有问题吗？这不属于家庭内部的不平等。

焦金磊：我们把问题进一步简化，假设现在妻子的收入不如丈夫，为了实现分配正义，丈夫是否应该对妻子作出分配上的补偿，以实现分配正义？

边尚泽：可否将男性对女性的补偿理解为妻子对丈夫的索取或者丈夫对妻子的索取？

焦金磊：我认为可以。

陈佳庆：我认为差异和不平等是不一样的。如果男性整体收入多于女性，我觉得这不是不平等，而是一种现实存在的差异。就像残疾人，残疾使其工作的权利、机会、收入都受到影响。举例来说，假设一个残疾人只能挣1000元，这1000元对他来说已经足够生活，那么我觉得他并没有受到社会不平等的对待。我们不能把所有的差异都视为不平等，然后试图抹平这种差异。

王露璐：在婚姻关系存续期间，夫妻双方所有的财产都为夫妻共同财产，这是分配不正义，因为它抹平了差异。

陈佳庆：这恰恰说明社会跟家庭的逻辑是不一样的。

焦金磊：从保守主义的立场来看，家庭是独立的个体，不应该被社会规则过度侵犯，它有自己的一套逻辑。

陈佳庆：如果法律非要在家庭中实施分配正义，它会导致本来在家里觉得刷碗是件很开心的事情的我，由于这种社会观念的不断灌输，而产生不平等的想法。

焦金磊：对，这是一个反对理由，即分配正义会让原本自然的爱成为一种额外的付出。原本我们讨论爱是很自然的事情，但是有了分配正义之后，我们再讨论爱，爱似乎就成为一种额外的负担。这不光体现在家庭中，也体现在社会领域。又如，搞慈善本是出于非常自然的理由，比如修身、信仰，然而到了现代社会，我们每次捐款时必须问：我为什么要捐款？我去反思，或者说去质疑这个行为是否合理，这难道不是一种道德进步吗？

陈佳庆：康德和科斯嘉德的理论包含很多道德原则，但康德认为每个人都是自由的，所以他从来不会替别人做决定，哪怕这个人做了错误的事情。如果采取家长主义的立场，你告诉别人对与错，替他做决定，那么也就否定了他的理性和自由。我觉得我们没有权利替别人作出决定，这是他们自己的选择。你单纯以道德进步为理由强迫他接受家庭中的分配正义，这个要求也是不合理的，而且这种道德进步也只是你构建出来的。

张萌：我们只是提供一个选择，至于她选不选，由她自己决定。比如说，以前她只能在家里做家务，现在她可以去工作了。

陈佳庆：对此我也很矛盾，你似乎有义务告诉别人这个社会是光明的，我们应该怎么去进步，但你又没有权利替别人作出决定。

焦金磊：当我们试图用理性和道德去改变某个社会现实时，一定程度上忽略了这个社会现实背后历史感的厚重。我们可以看到它有很多不合理的成分，但是我们看不到社会制度或者社会现象在漫长的历史中所形成的厚重感。这种厚重感，对于单纯的理性主义来说是没办法解决的。

陈佳庆：因此我觉得这种道德进步是很神奇的，康德虽然认为革命是不正确的，但革命一旦成功，他又认为新政体是正义的。

焦金磊：如果不讨论可行性问题，我们所持的分配正义理念是否正确？为什么一个道德正确的事情却不能产生实践性的力量？

范向前：我们发现，现实生活总是充满差异的，即使在男女关系上也是如此。这种差异主要基于双方生理的差异，并且生理的差异导致男女在现实生活中的不平等，比如企业在就业方面可能会歧视女性。因此，我觉得男女并非平等，这种不平等不是人格上的不平等或者权利上的不平等，而是生理上的不平等。将来这种不平等可能会因为医疗技术的发展而被打破，男性也可能会参与怀胎活动。但是，就目前来看，男性和女性在生理上的差异是无法被抹平的，并且这种生理上的不平等不能被罗尔斯倡导的抽象的平等所解构和掩盖。实际上，我们确实发现，在现实的家庭生活中，男性和女性总是充满差异的，并且这种差异体现在具体的事务当中。人与人之间的交往，或者男女双方组建家庭，都是因为现实和具体的行为而产生更为密切和持续的接触。因此我认为，我们不能抽象地谈论男女平等，而应当立足于丰满的、现实的家庭关系中。

陆玲：为什么家庭需要分配正义呢？我认为家庭的基础是爱，但也需要分配正义以满足自己的需求。每个家庭都是一个自在的共同体，每个人的需要也是不一样的。我记得以前老师上课的时候讲过一个例子，一位老奶奶每天很辛苦地买菜和做饭，但是她脸上总是洋溢着笑容。有一天她很忧愁，问及原因，原来是她的孩子都不来吃饭了。在外人看来，每天让老奶奶为子女做饭，是子女不孝顺的表现。但是，这对于老奶奶来说是非常开心的事情。我觉得此时不需要谈论分配正义问题，而是要回归到每个人的内心需求。另外，如果家庭成员有着一致的目标，能够为目标共同奋斗，那么这种家庭关系也是非常和谐的。我之前看到有视频博主在网上分享自己的经历，在家庭内部，男方的工资是女方的两倍。为了实现分配正义理念，他们决定按照比例上交家庭基金。我工资5000，我上交50％，你的工资是10000，你也上交50％。在爱的基础上共同为家庭付出，彼此既承担了义务，又享受了权利，这何尝不是一种分配正义？

主持人　总结点评

这是个特别有意思的话题，今天大家讨论得很热烈，而且居然很难得地形成了两大阵营。为什么一开始就说这个问题很有意思呢？中国有两句古话，一句叫"清官难断家务事"，还有一句叫"家不是讲理的地方"。还有更通俗一点的说法，比如，"跟老婆讲理的男人是最傻的男人"。但是我曾经在想，如果家不是讲理的地方，那么讲什么？可能的回答就是今天金磊所讲的，一定不是讲暴力。如果家不是讲理的地方，最容易就是讲暴力，谁拳头硬听谁的。我们大家肯定会从直觉上反对这一点，肯定不能讲暴力，那么，它讲什么呢？今天大家用了一个非常好的词叫"爱"。但是我觉得，大家都会记得马克思批判费尔巴哈的一点就是抽象的爱。我觉得没有一种爱是完全无条件的，当爱成为一个家的基础的时候，是特别脆弱的。因为很多时候只要情境发生了一点点变化，爱的情境也就变化了，甚至于爱有的时候会成为现在网络上常说的"PUA"。无数的家庭暴力是假爱之名的，那些女性为什么能忍那么长久？她为什么忍了这么长时间被打成这样了，她才去报警？因为她以为这是爱，她被灌输的想法是，"我告诉你这是我对你的爱，因为我爱你，你跟别的男人讲了两句话让我觉得抓狂，所以我才动手的"。无数的暴力都不仅仅是暴力，经常是以爱为名义的。因此我认为当你只讲爱的时候，这个家庭关系很难达到良善状态，或者说家庭关系不能仅仅依靠爱来维持。大家注意到，与家庭相关的法律，除了《反家庭暴力法》，还有一个《婚姻家庭法》。但是为什么没有《爱情法》呢？为什么法律不考虑保护谈恋爱呢？法律保护的是什么？你一旦进入婚姻关系之后，它保护的就是婚姻关系双方的平等关系。也就是说我给你设定一些并不是用爱的名义来解释的行为规范。比如说，现在虽然不至于所有人都接受，但至少不会反对的一件事——婚姻关系存续期间双方的财产是共有的。我们会发现，这种财产的共同所有并不是正义的，因为双方付出的劳动并不一致。在谈恋爱的时候、试婚的时候可以分得很清，但是实际上结婚后就不能这样做了，结婚的时候你挣5000，他挣10000，两个人的钱就是15000，不存在我拿50％出来，你也拿50％出来。同时，大家要注意到家庭财产的来源关系是不受法律保护的，受法律保护的仅仅是关系存续期间所有的财产。哪怕男的挣了1个亿，女的1分钱没有挣，结果也是各5000万，这是婚姻所保护的。换言之，一旦两个人形成了婚姻关系，那么法律就会用一定的规则来维持双方的平等，或者说用一种事实保护的方式尽可能地抹平无论是男方还是女方都可能出现的弱势

（至少让其在法律意义上消失）。但法律平等关系不意味着事实平等，现实生活中有无数方法可以使两性之间在结婚以后的财产没有办法完全平等，法律上所说的所有财产都是夫妻共同财产没有办法完全达到。

在婚姻里面，法律至少解决了一个问题，那就是让双方在婚姻关系存续期间的家庭地位和财产形式是平等的。当婚姻向家庭转变的时候，它不仅形成了夫妻双方的关系，还形成了代际关系。在家庭领域当中，反暴力其实是一个底线。无论是婚姻关系还是家庭关系当中的人，首先是一个独立的、完整的个体。每一个独立完整的个体，他的生命权和健康权都不应受任何意义上的侵犯。不能说因为我爱你，或者因为我挣钱挣得多，我给你钱多，因为孩子是被我养大的，所以我就可以无限制地去对你的生命和健康加以损害。这个观念其实不光要体现在夫妻关系上，在某种意义上，更需要体现在亲子关系上。举个例子，我们小时候挨打是家常便饭，而且从来没有像现在的孩子这样挨个打就离家出走了，挨个打就报警了之类的。我们那时候，挨打是特别正常的事，父母打孩子是天经地义的，我完全没有什么可说的，甚至打狠了也真的就是为我好，其实自己也是会接受这种观点的。但是随着社会的变化，我们越来越认同孩子不能打，为什么？因为每一个孩子也都是一个独立的个体，不能因为是他的父母就可以剥夺他的生命权和健康权。这种对孩子的权利观念是现代家庭的一种认知，但是这个权利的边界其实又不是那么清晰。在现代家庭当中，如果我们把所有的打一顿都称为虐待的话，很多家庭都可能要被活生生拆散了，但我们是不是就因此可以反过来肯定家庭暴力，说家庭暴力也是正常的，只要是为孩子好，打也没关系？

我觉得不是这样。首先，必须清晰地指出，暴力是错误的。但是也需要认识到，暴力在一定条件之下，是可以基于某些特定的原因而被容忍的。这些特定的原因通常有哪些呢？第一，不对身体造成重大伤害。第二，打孩子不是完全出于父母的某种利益。

　　金磊进一步问道，如果说我们在反暴力基础上建立一个更和谐、更高价值的家庭追求，那么是不是说我们就能够构建真正意义上的一种拥有分配正义关系的家庭，就能够因此成为良善的家庭、具有良善关系的家庭？至少在我看来这很难得到充分的论证。你们其实争论得很厉害。但是我不知道金磊能不能得出结论说，家庭分配正义的建构可以通向家庭的良善关系，我觉得这是没有办法完全达到的。因为我们既不能够以抽象的爱作为家庭关系的唯一基础，实际上又没有办法否认爱在一个美好的良善关系当中的重要作用。确实"爱"不能承载家庭的一切，但分配正义同样也不能。

　　因此我觉得这个问题，既是一个特别有意思的话题，但又很难形成一个确定结论。今天大家形成了两大阵营，我觉得如果你们人多一点，说不定形成三大阵营、四大阵营都是完全有可能的，甚至你们内部再分化为几大阵营都完全有可能，说不定你们这边的人又吵成了两派，完全有可能。因为实际上很多关系当中的爱、平等、正义，一旦涉及两个不同个体之间的关系建构的时候，就会遇到很多问题。

　　家庭有些时候可能不那么讲理，但绝对不是不讲理的地方。如果完全不讲理，我觉得这个家庭，要么就是讲暴力，要么就是讲抽象的爱。这个我一开始就说了，这是讲不通的。

　　今天因为时间关系，这个话题也可能没有完全讲清楚，但是事实上就像刚才金磊讲的，我们反过来想会不会觉得，至少对很多问题的讨论、对某些问题的思考本身是一个道德进步。我们对某些问题的讨论，其实本身也是我们在伦理学意义上的一种进步。

第六期 从"李子柒"到"张同学"

——乡愁的伦理基因与价值旨归[*]

主讲人：刘昂

主持人/评议人：王露璐

与谈人：张燕、史文娟、王璐、侯效星、吕雯瑜、陈佳庆、范佳美、
陈静怡、陆玲、盛丹丹、张晨、边尚泽

案例引入

李子柒，出生于四川省绵阳市，是微博知名美食视频博主，被誉为"东方美食生活家"。不同于其他美食视频博主，李子柒将农村生活搬上网络，展现田园生活的惬意与美好。2020年5月19日，李子柒受聘担任首批中国农民丰收节推广大使。2021年2月2日，李子柒以1410万的优兔（YouTube）订阅量刷新了由其创下的"YouTube中文频道最多订阅量"的吉尼斯世界纪录。

张同学，来自辽宁省营口市农村，抖音博主，因拍摄沉浸式农村生活题材短视频而迅速走红。张同学的视频并没有优美的风景、酷炫的特效，甚至没有用流行的背景音乐，但独特的东北农村场景让网友感受到了别样的精彩。截至2021年12月7日，在抖音更新视频仅两个月左右的张同学，抖音粉丝量已经突破1400万。

李子柒和张同学一个来自四川，一个位于辽宁，他们的视频风格迥异，特色不一，但都聚焦乡村生活，并获得好评。事实上，近年来，越来越多的

---

* 本文由南京师范大学公共管理学院硕士生陈静怡根据录音整理并经主讲人刘昂审定。

草根网红通过短视频等创作形式展现中国乡村生活。抖音2021年6月公布的数据显示，过去一年，该平台农村类题材视频总获赞量达129亿，此类视频创作者总收入比上年增长约15倍。那么，从内容上看，李子柒和张同学的作品为何能够火出圈？

自由阐述

边尚泽：李子柒和张同学的视频创作都以展现乡村生活的和谐良善为主线，以还原乡村生活的日常模式为中心，表现了乡村生活所独有的美好特质。虽然表现手法和呈现方式各有侧重，一个相对更为优雅，另一个则比较通俗粗犷，但都在一定程度上抒发了人们的"乡愁"情绪，引发大家的情感共鸣。李子柒和张同学的视频能够如此爆火，证明现代人们实际上对于乡村的美好生活具有普遍的向往和追求。

陈佳庆：李子柒的视频我偶尔看到过，她更多地展示了一种田园牧歌式的生活，这种生活很有意境。我对张同学不是很了解，通过浏览器搜索到他的视频，感觉他的视频较朴实一些，更接近真实的乡村生活。我没有看过多少他们的视频，对于视频内容无法作出具体的评价。但是，我猜想视频的制作水平应该不错，因为这是自媒体粉丝快速增长的必要条件，也是平台账号能否脱颖而出的一大关键。另外，人们看视频或者直播有一个共同的原因，就是满足自身的某种需求。李子柒与张同学拍摄大量与乡村生活有关的视频，满足了当下城市生活中的人们对于乡村生活的美好向往。城市生活中朝九晚五的人们缺少这样的生活体验，而李子柒和张同学的视频能够满足人们体验田园生活的愿望，所以其作品才能如此受欢迎。

盛丹丹：从内容上我们不难看出，李子柒和张同学对乡村文化是高度认同的，这也是他们前期创作和发布作品的核心内驱力。换句话说，创作者只有对乡村文化的价值和意义予以充分肯定，才能够展现充满诚意的作品，进而能够感染每一位观众。城乡二元结构发展的时代烙印深深印在每一位共鸣者的身上，他们既希望能够亲近自然，也希望能够享受城市生活带来的便捷。乡村承载着独特的地方文化，乡村文化是"乡愁"基因的重要载体。乡村文化作为中华优秀传统文化的重要组成部分，不仅是亿万农民的精神家园和心灵寓所，也是文化自信的重要源泉。

王璐：李子柒和张同学的作品之所以能引起大家的共鸣，是因为受众能从他们的视频中真切地感受到乡村生活的真实面貌。我认为，李子柒和张同学的视频是基于自己在乡村的生活经验制作出来的，其中倾注了他们对乡村的真实情感，展现了乡村的真实风貌，从而引起了观众的共鸣。

史文娟：我认为，李子柒和张同学就像是一种文化符号。以李子柒为例，大家通过 YouTube 对她熟知，国外人对她的作品评价也很高。李子柒和张同学两个人的不同之处在于，李子柒的视频内容比较精致，而张同学比较接地气，二者各有千秋。他们两个人的视频都是对中华优秀传统文化的传播，是一种文化输出。在我看来，李子柒带来的是国愁，张同学带来的才是乡愁。在城市生活的人们，可能更加向往想象中的乡村生活。王老师上课时曾经问过大家这样一个问题：你们真的会喜欢那种没有网络，什么都没有的乡村吗？就是说大家对于乡村的理解可能还仅仅停留在概念上，对于新农村的理解并不充分。

主讲人　深入剖析

　　李子柒和张同学的视频，一个以展现乡村生活的和谐良善为主线，一个以还原乡村生活的日常逻辑为中心，虽然表现手法和呈现方式各有侧重，但其在一定意义上都契合了观众"乡愁"情绪的表达。"乡愁"最初用以描述人们离开家乡后产生的精神不振甚至试图自杀等病症，随后逐渐引申为人们对家乡的思念情愫。这里的"家乡"虽然并不一定都属于乡村，但对于我国而言，乡村是大多数人生长的基础，"从基层上看去，中国社会是乡土性的"①。这种乡土性的根源在于人们对传统村庄空间关系、乡村风土民俗、村民价值观念的道德记忆，这也构成了乡愁的伦理基因。

首先，乡村是被村民赋予价值意义的空间，按功能结构可以划分为生产空间、生活空间和生态空间，分别承载着村民的生产经验、生活智慧和生态情怀，为人们的道德记忆提供了客观载体，是乡愁的伦理实体。对于传统乡村社会而言，农业生产是核心任务，农民在从事农业生产过程中与土地及其相关资源形成的关系构成了村庄的生产空间。一般而言，生产空间可以分为块状和散状两种。在块状生产空间中，农民用于生产的土地连片成块，与生活区域相对分离，是较为独立的生产场所。在散状生产空间中，用于生产的土地则分散在农民生活区域附近，与生活空间紧密相连。事实上，无论哪种生产空间，都是基于村庄自然条件和人文环境在具体生产中逐渐形成的，蕴含了农民对"春种一粒粟，秋收万颗子"的价值期望，是勤勉耐劳生产伦理的物质载体。在生产空间中，农民以自身的劳动与土地进行交换，其在生产上付出的劳动越多，越有可能获得较好的收成，换句话说，农民的勤劳是其拥有良好物质生活的前提。正是在生产空间这一范围内，农民建立起了"'劳'与'得'或'劳'与'食'之间的直接对应关系"②，勤勉耐劳成为农民追求的道德品质。这一由生产空间所承载的伦理精神，逐渐上升为农耕

---

① 费孝通：《乡土中国 生育制度 乡土重建》，北京：商务印书馆2011年版，第6页。
② 王露璐：《乡土伦理——一种跨学科视野中的"地方性道德知识"探究》，北京：人民出版社2008年版，第48页。

文明的精髓，成为中华民族的集体记忆。

乡村生活空间是村民日常活动的重要场所，也是承载乡土记忆的现实基础。虽然现代社会可以将生活空间划分为私人生活领域和公共生活领域，但对于传统乡村社会而言，由于其同质化和"熟人社会"性质，村民的私人生活空间更多是公共生活空间在个体生活上的映射而已，"社会生活的公共领域与私人生活领域之间也没有被严格地划分开来"①。传统乡村社会的公共生活空间凝结着村民的共同生活印记，人们在村庄祠堂、戏台、场院等人群聚集地对村庄事务的评议和对日常生活的议论，"使村庄形成了自身稳定而日常化的道德生活形态"②，构成了道德记忆的基础。

乡村生态空间是生产空间和生活空间的延展，是村民与村庄自然环境的互动场域。中国传统社会崇尚"天人合一"的价值理念，"肯定人与自然的统一，亦即认为人与自然界不是敌对的关系，而是具有不可割裂的关系"③，强调人类社会与自然环境的相互依存。在传统乡村生态空间中，人们遵循自然规律的道德要求，日出而作，日落而息，在季节更迭中安排生产生活，"老农所遇着的只是四季的转换，而不是时代变更。一年一度，周而复始"④。此外，人们基于自然节律的变化，创造出"二十四节气""三伏""数九"等体现人与自然和谐共生的生态伦理文化，以此指导农耕生产和日常生活，进一步促进了乡村道德记忆的传承。

其次，乡村风土民俗以村庄地方性饮食、节日庆典、日常惯习等具有标识性的文化事象为代表，蕴含着村庄的"地方性道德知识"，是人们道德记忆的个性化表达。第一，饮食文化。李子柒的视频也可以说是一种乡村美食

---

① 万俊人：《政治与美德》，北京：北京师范大学出版社2017年版，第10页。
② 王露璐：《从"熟人社会"到"熟人社区"——乡村公共道德平台的式微与重建》，《湖北大学学报》（哲学社会科学版）2020年第1期。
③ 张岱年：《中国文化的基本精神》，《齐鲁学刊》2003年第5期。
④ 费孝通：《乡土中国 生育制度 乡土重建》，北京：商务印书馆2011年版，第54页。

节目,每一期都会呈现出不一样的乡村风味。这些食物看似很普通,但当我们尝试去做时,又总感觉缺少点什么。这缺少的东西,恰恰是"地方性"。李子柒从原材料的准备,到最后的摆碟,都具有"一方水土养一方人"的地方性特色,其做出的不仅仅是一日三餐,还是人们的精神寄托。张同学的视频也涉及一些美食,比如视频里的"厨神大赛"等。他对摆盘等外观细节不甚考究,但也正是这种"真实感"拉近了人们与乡村的距离,使人们在观看过程中有"就是这样的""我也这样过"的带入感,勾起人们对乡村生活的记忆。这种真实感虽然不一定是某个村庄的,但是属于乡村的,是具有乡土性的。比如用柴火做饭,虽然不同村庄的灶台设计不同,但都是用柴火生火做饭,这一具象能够勾起人们对村庄日常饮食及其生活场景的记忆。我们在调研中,每到一地,当地对接的人总会热情地告诉我们该地的特色饮食是什么,在吃饭时也总会选择具有当地特色的地方,点些具有地方特色的菜品,希望我们能够通过地方性饮食更为全面地了解该地。事实上,食物作为一种客观的载体,其背后隐藏着为了制作食物而付出的劳动,以及在制作食物、品尝食物过程中的人际关系,对家乡饮食的眷恋是人们对家乡思念的具体化表达。

第二,节日庆典。节日庆典是人们在特定时点对特定对象的特定化情感表达,李子柒和张同学都对特殊节日进行了记录。李子柒每逢节日都会应景地发布一期视频,比如除夕挂灯笼、贴对联等,张同学视频中也会有筹备大联欢、冬至包饺子等。在节日庆典中,人们可以通过筹备节目、互道祝福等形式,强化共同体关系、凝聚共同价值。比如张同学在"筹备大联欢"过程中,以"记账"等形式进一步巩固了村民之间的"熟人关系",而排练和演出过程中,村民之间也加深了了解、拉近了距离,增强了村民伦理共同体意识,传承了村庄的伦理价值。

第三,日常惯习。一般而言,同村村民有着共同的生活基础和相似的生活阅历，在这过程中逐渐养成的生活惯习印刻着人们的乡村印记。比如李子柒在制作"蓝印花布"的视频中，通过染布、晾晒、染色、煮蜡、漂洗，再到制作成品等流程，再现了当地民众制作"蓝印花布"的方法和习惯，这印染在花布上的靛蓝，正是铭刻在骨子里的传承。张同学在"扒火炕"视频中具有地方性的操作，也凝结着共同体的智慧和记忆。

最后，乡村社会在发展过程中基于特殊的空间结构、地方性的风土民俗等自然人文环境孕育了具有乡土特色的传统价值观念，成为人们道德记忆的内在精神。一方面，乡村社会注重道德评价。中国传统伦理思想始终以"利不可强，思义为愈"(《左传·昭公十年》)的重义轻利、先义后利价值观念为主导，去义思利、事利而已的思想虽时有出现，但终归不是主流。受这种思想指导，传统乡村社会的评价体系中，道德评价具有优先性。李子柒放弃城市生活，回到乡村照顾奶奶本身就符合传统道德评价的要求，同时其在视频中呈现的为奶奶烹饪菜肴、制作衣服、手纳千层底等行为也践行了孝亲的价值原则。另一方面，乡村社会重视道德权威。中国传统乡村社会以自给自足的自然经济为基础，村民在相对封闭的乡村从事日常生产，过着"天高皇帝远"的桃源生活。虽然历朝历代都主张中央集权，但"中央所派遣的官员到知县为止"，这种"自上向下的单轨只筑到县衙门就停了，并不到每家人家大门前或大门之内的"①，从衙门到村民家大门的这段距离通常由乡村中的道德权威负责。即便后来朝廷为了加强中央集权，在乡村中推行保甲制等政策，乡村的实际治理者仍然是村民认可的道德权威，自上而下的行政机构要想顺利下达朝廷的政策也不得不依靠他们的支持。道德权威凭借自身的生活阅历、道德威望和社会影响成为乡村的实际掌权者，并依靠乡村中的风土人情和村规民约对村民进行道德教化。张同学在"破壳而出"一期中，设计

①　费孝通：《乡土中国 生育制度 乡土重建》，北京：商务印书馆2011年版，第381页。

了向长者请教孵小鸡经验的情节。虽然请教如何孵小鸡并算不上是对道德权威的认可，但其表现了在缺少变动的社会中前人经验的重要性，这种经验自然也包含了道德方面。因此，某种程度上而言，这也体现了道德权威在日常生活中的重要地位。

如果乡愁之"乡"在于乡土社会的道德记忆，那么在现代社会，乡愁之"愁"又在何处呢？

进一步探讨

边尚泽：我认为，对乡愁的讨论可能要建立在对城市生活的理解上。我们会发现在农村是没有这种愁绪的，只有背井离乡来到城市的人才会有乡愁。通过对比，我认为主要有两方面的原因：第一，满足感的消失。如果我是农民，那么一年中我所有的任务就是把自己的一亩三分地耕作好。也就是说，农民的劳动是有上限的。但是在城市生活会有一种不适感，我们不知道劳动的上限，似乎每个人都可以取得无限的成绩。在这种情况下，乡村生活显得更加安适，这就会令人产生愁绪。第二，主动感的缺失。比如，在乡村很多事情都可以主动掌握，想吃什么菜可以自己去做，但是在城市，人们通常点外卖或者直接去食堂吃。这实际丧失了劳动的参与感，人们做的仅仅是点菜和付钱而已。

侯效星：我认为，乡愁"愁"在一种距离感。传统的生活空间在渐渐地远离我们，甚至说消失，成为人们对乡村生活的一种情怀和道德记忆。传统的乡村生活带给我们舒适与美好，与当下都市生活的失重感和紧迫感形成鲜明的对比。但是，目前乡村人数越来越少，村落变成城市的小洋楼，与我们以前

115

记忆中的乡村越来越远。乡村本身的伦理教化功能也慢慢地被忽视，变成现在朝九晚五的都市生活。

陈佳庆：我觉得乡愁有二层含义：第一层含义是缺失，对于出生在城市中的人来说，那种田园生活他们是体会不到的，于是他们就渴望在某时某刻能够去往乡村，体验一种大城市感受不到的生活。第二层含义是离别，对于那些离开乡村、外出谋生的人来说，离别的无奈即是乡愁。也许他们在家的时候体会不到乡愁，但是每当坐上离乡的大巴或者在异地过节时，其内心的愁绪就会翻涌。但是对于很多人来说，这种离开又是必然的。第三层含义是消逝，大家记忆中的乡村在消逝，很多人即使回到故乡，也会发现一切似乎早已变得不同。我觉得，乡愁背后体现的是一种内在的矛盾。中国古代有个词叫"衣锦还乡"，在以前的社会中，"衣锦"是必须要"还乡"的，他需要将在外面取得的成就带回自己的家乡，只有这样，个人的成就才能获得全部的意义。而在现代社会，"衣锦"和"还乡"对人们来说可能是矛盾的，我们想要获得成功和过上更好的生活，就必须留在大城市。如果你想回到乡村，那么某种意义上你就选择了"躺平"。现在的乡村很多时候无法提供个体成才成功的机会，于是人们一边渴望在城市出人头地，一边又渴望乡村田园牧歌式的生活，这两种需求在人的灵魂深处产生一种张力，这种张力是物质需求和精神需求的冲突。因此，如果要我们记得住乡愁，那么就只能继续振兴乡村，让人们不必再面对乡村城市二选一的难题。另外，我认为大家向往的生活有两种，一种是李子柒视频里田园牧歌式的生活，另一种是都市繁华富足的生活，这两种生活在现代社会是很难兼容的。但是，在未来是否有办法以田园生活的方式获得相对富足的物质生活条件？这个问题值得我们思考。

吕雯瑜：李子柒的视频能够满足在城市生活的人对于东方田园生活的向往。在过去很长一段时间，人们一提到农村，脑海中首先浮现的便是那种勤劳朴实但可能略显愚昧的底层农民形象，又或者是面朝黄土背朝天的农耕劳动。但是，在李子柒的视频中，我们看到的不再是深陷于贫困当中的农村生活，而是一种充实且自给自足的东方田园生活。在这种创新的视角下，人们对乡村文化产生了新的认识。李子柒的视频满足了人们对山水田园间美好生活的向往，从中能够感受到非常熟悉但又久未谋面的烟火气和生活味，这就是一种乡愁。乡愁的空间性在李子柒的视频中也随处可见。比如，菜园里面的竹筐、锄头等劳动工具，这些都是从物质层面对空间性的丰富。李子柒与奶奶的互动场景是从精神层面丰富了我们对空间性的理解。农田、乡间小路、砖瓦房等也构建了一种空间，这种空间呈现出传统社会的血缘、地缘的发展模式。乡愁的时间性体现在传统节日、自然节气和自然景观等方面。乡愁的时间具有规律性，通常是雨天、深夜等特殊时间。从主体性看，情感是其主要特征。在乡愁里面，最主要的是爱和美。乡愁的爱包括对亲人的关爱，乡愁的美就是对生活的美好向往，是城市生活中的人对精神家园的追求。

陈静怡：可以从字形的角度理解乡愁"愁"在何处。愁字是上下结构，上面是"秋"字，秋天是丰收的季节，是农民最向往的时节。秋天意味着收获，关系到农作物的收成，而农作物收成是农民主要的收入来源。"秋"字是左右结构，一边是"禾"，一边是"火"，"禾"代表农作物，而"火"可以用来做饭。余光中先生的《乡愁》一诗也能够很好地把从前的"乡愁"表达出来。愁字下面是"心"字，由此可以将愁理解为一种由心而发的情感和情绪。我对乡愁"愁"在何处作以下理解：首先，中国社会具有乡土性特征，土地是农民生存的基本依托。随着经济的发展和科技的进步，依靠农作物所得财富已经不能满足农民的基本生活需求，农民不得不离开家乡去城市打工。其次，从情感方面来说，乡愁的"愁"是人们离开家乡之后，生活在城市这样陌生的环境中，感受不到家的归属感。人们也很难平衡家乡与城市生活两者之间的关系，一方面，人们因家乡有自己年迈的亲人而想要回家；另一方面，又因为外面有自己不能放弃的较高收入的工作而不能回家。最后，乡愁"愁"在农民已经不再想回乡村。相比农村，城市基础设施更加完备，教育资源更加优越。不少农民认为城市生活就是好的生活，他们更倾向于居住在城市，而不愿意再回到农村。

张晨：我理解的乡愁不一定是对农村，乡愁指的是家愁，即对家乡和亲人的思念。乡愁不分年龄，只要离开熟悉的地方、离开家人，就会产生这样一种乡愁。乡愁从根本上来说是人的心理矛盾和情感上的偏倚性，即对家庭和亲人的偏倚与现实中不得已离开家乡之间的矛盾。不过，令人欣喜的是，在大力推行乡村振兴战略的背景之下，人们有越来越多的机会消解这个矛盾。在新农村这片热土上，人们能够以"新农人"的身份实现个人价值和社会价值。从前几年就已火爆海内外的李子柒到当下正红的张同学，他们背后承载的是普通人对田园牧歌生活的向往，是对个人价值旨归的追求。实际上，李子柒和张同学有一个共同点，就是回归自己的家乡，并为回归家乡寻找道路。他们一直为之努力并坚持着，成为"沉默的大多数"中的佼佼者。以张同学的家乡松树村为例，与许多东北农村一样，松树村面临着老龄化问题。由于村里山地多，人均耕地面积不到一亩，很多年轻人选择到附近的乡镇打工，而留在村里的则是老人和孩子。张同学爆火后，涌进村子的外地牌照车，赶来打卡合影的粉丝，开始让这座小山村"年轻"起来，一切都在发生转变。截至目前，他在全网粉丝超过1900万。这个惊人的数字也从侧面证明，乡村景观的群众基础是巨大的，市场是广阔的，也是值得被挖掘的。随着年轻人对田园生活产生向往，"新农村""新农人"也成为互联网的流量密码。这一文化现象折射出一个深刻道理：我们的乡村需要被更多的人看见，并且被重新审视。

范佳美：关于乡愁，我主要从乡愁之"乡"的含义出发去探讨"乡愁"的问题。乡愁之"乡"可以从两个维度来理解。其一，"乡愁"之"乡"指乡土（或乡村）文明，既包括乡村的自然景观，又包括乡村特有的精神文化。此处的"乡"主要是相对于工业文明、信息文明而言的乡村文明。随着历史的发展，整个农业文明时代早已远去，工业化、信息化文明造就了如今的新时代。在当下，社会分工越来越明确，人们的生产生活也早已变得越来越繁忙，数据化、信息化的东西越发占据人们的日常生活，这使得人们远离亲近自然的乡村劳动，很难再体会到那份独特的田园牧歌般的乡土生活。尤其当乡土生活与现代快节奏、繁忙的生活形成强烈的对比后，人们便产生了对乡村那份闲适生活的向往。当然，从乡愁之"愁"的内容来说，当代人主要愁的是无法触及乡村生活美好闲适的一面，而非农业时代落后的一面。其二，"乡愁"之"乡"指家乡、故乡。每位在外漂泊的旅人都对这种乡愁有深刻体会，人们对于生养自己的家乡总是怀有最深沉的爱意，那是一份"落叶归根"的独特情怀。尤其在疫情时代，在外的游子返回故乡变得更加困难，这加剧了人们的返乡之愁。

陆玲：我想分享一下我理解的乡愁含义。我认为乡愁是大环境导致的。调查显示，2020年城镇化人口达到63.89％，这一比例在过去的30年内增长了一倍多。也就是说，在中国14亿人口里，有近9亿是城镇人口。在快速城镇化的浪潮中，越来越多的人与故土分离，由农村转向城市发展，这必然导致他们与过去生活的环境相离。大环境的发展导致现在的农村与以前的农村有很大程度上的不同。于我个人而言，在外求学数载，最想念的是小时候和大人一起播种、锄草、收获的经历。劳动是人的本质属性，而现代社会分工越来越精细，人很难再有这样的参与感与体验感。乡愁的愁对我个人来说就是一种对劳动的参与感，参与劳动的过程会让我有很大的成就感。我们现在理解

119

的乡愁更多地是一份想念。德国诗人诺瓦利斯说："哲学是一种怀着乡愁寻找家园的冲动。"记得住"乡愁"、接纳故乡伦理实体、坚守伦理精神家园，是一种美好诉求，更是一种进步！

盛丹丹：我认为，乡愁可以理解为一种落差感。我小时候在爷爷奶奶家长大，会和哥哥姐姐在外面玩，与大自然有非常亲密的接触。长大之后，儿时的玩伴很难再重聚，这样一种巨大的落差会让人想重新融入自然快乐的环境，但是又害怕真正回到这样的环境时，无法获得心中所期望的放松和快乐。对现代人来说，乡村生活只是我们另一种可选择的生活方式。乡愁还是我们对自然的呼唤，在自然中生长的人必然也会对乡村的自然属性有所依赖。在现代化进程当中，人处在冰冷的框架结构里，逐渐与自然隔离，这也是一种乡愁。从城市到乡村，我们追求的是一种宁静的享受，一种亲近自然的感觉。人不仅要生活在人际关系中，还要生活在自然中。人只是自然界的一部分，我们应该尊重自然，尊重他人，同时也要尊重自己。

史文娟：我认为，乡愁更像一种心理疾病。古代社会的愁是建立在土地这样的情感连接上的，费孝通在《乡土中国》中也说到土地对人的情感连接作用。很多人说想要回到家乡，我认为那是对焦虑的现代生活的逃离。在现代压力下，一方面受市场经济的影响，一方面受技术的影响，价值生存与技术文明之间产生的割裂导致大家想要回归乡村。动物的本能就是寻找安全感，就像有人睡觉的时候喜欢蜷缩着身子，因为胎儿在子宫里的时候是蜷缩着的，蜷缩着睡觉是一个有安全感的姿势，乡愁表达的就是对安全感的追寻。"春种一粒粟，秋收万颗子"这样的经验在乡村是通用的，因为自然规律不会变，所以这种地方性的道德知识是可以普遍化的。但是在城市，地方性的道德知识难以普遍化。受道德与环境的双重影响，人们会更想回归乡村。因此我觉得乡愁"愁"的是如何回归、为何回归的问题。我认为乡村就像围城一样，乡村里边的人想出来，城市的人想回去，但是进去的人愿不愿意一直待下去也是一个问题。

主讲人 深入剖析

我认为乡愁之"愁"在于"可望而不可即"。人们虽然对乡土社会留有道德记忆，但传统乡村生活已然成为"不可即"的过去。这种"不可即"并非仅是时空上的远离，还有价值观念上的疏离。在乡村社会转型过程中，传统村庄空间结构、乡村风土民俗、村民价值观念等不可避免地融入现代伦理架构之中，从而逐渐偏离道德记忆中的乡土社会，引发人们的乡愁。

村庄空间结构改变是乡村社会从传统向现代转型的直观表征，是村民价值观念变迁的物化表达。21世纪以来的20年中，我国村委会数量已从2001年的70万个，下降到2020年的50.2万个，[①]传统村落正逐渐萎缩，村庄生产空间、生活空间、生态空间及其承载的伦理关系都发生了重大改变。

在传统村庄生产空间中，耕种土地并从土地上获取生存资料是村民维持日常生活的基本途径。然而，在社会转型过程中，一方面伴随土地政策的调整，附着在土地上的经济利益不断显现，一些原本用于耕种的土地逐渐向能够带来更大经济效益的厂房、城市建设用地等转变，呈现非农化趋势；另一方面，在村庄劳动力向城镇转移的过程中，村民获取生存资料的途径也日益丰富，除耕种土地外，村民拥有更多可供选择的机会，从而使得一些土地被粗放式对待甚至闲置，精耕细作的生产状态成为一种过去式。由此，以往村民在村庄生产空间中与土地之间建立起的情感依赖和价值关系逐渐弱化，

① 数据来源：《2001年民政事业发展统计公报》，http://www.mca.gov.cn/article/sj/tjgb/200801/200801150093949.shtml；《2020年民政事业发展统计公报》，http://images3.mca.gov.cn/www2017/file/202109/1631265147970.pdf。

村庄生产空间愈发受到利益驱动的影响。对于村庄生活空间而言，在城镇化、工业化进程中，村民生活条件有了极大改善，村庄道路硬质化水平不断提升，用水用电用网问题逐渐解决，一些村庄还集中修建了村民新居，为村民提供良好的居住环境。然而，在此过程中，"有些地方就没把握好，有的盲目大拆大建，贪大求洋，搞大广场、造大景点；有的机械照搬城镇建设那一套，搞得城不像城、村不像村；有的超越发展阶段、违背农民意愿，搞大规模村庄撤并"①，对村民原本的生活空间造成了破坏。此外，伴随手机、电视的普及和网络技术的发展，村民的交往方式发生了改变。以往邻里之间的走家串户、村庄戏台的集中观影等公共活动逐渐萎缩，取而代之的是私人生活空间的愈加丰富，在客观上导致了村民之间的疏离以及村庄公共生活空间的衰败。在乡村生态空间方面，近年来开展的"厕所革命"等一系列农村环境卫生整治工作有效改善了村庄面貌，但也应当看到，在乡村发展过程中，村庄的生态空间仍受到诸多挑战。"农业的市场化运作导致农药化肥污染和禽畜养殖污染加剧，乡村城市化进程的加快导致生活垃圾污染增加，而乡村工业化的推进更带来大量工业'三废'污染的大规模发生"②，村民虽然具有一定的生态保护意识，但缺乏切实可行的生态保护知识，在短期经济效益和长久生态价值之间难以作出恰当的选择。在此过程中，传统村庄生态伦理文化逐渐式微，村民与自然的关系发生扭曲。

伴随村庄空间结构的变化，乡村的风土民俗也发生了改变。一是饮食文化的快餐化。相较于传统的"靠山吃山，靠水吃水"的地方性饮食，当前乡村饮食也更趋向于快餐化。比如热销的李子柒螺蛳粉，在很大程度上能够满足不同地域的人们对螺蛳粉的期待。二是节日庆典的简单化。在农村调研时

---

① 习近平：《坚持把解决好"三农"问题作为全党工作重中之重 举全党全社会之力推动乡村振兴》，《求是》2022年第7期。

② 王露璐：《新乡土伦理——社会转型期的中国乡村伦理问题研究》，北京：人民出版社2016年版，第174页。

我们发现,一些具有传统意义的节日庆典活动正逐渐走向衰落,节日的仪式性不断减弱。在广东湛江林屋村调研时村民提到:"就连'游神'这样固定的集体性风俗活动,参加的人也比以前少了。以前'游神'寄托了村民对生活美好的希望,不管信与不信,大家都会去讨个吉祥,现在的年轻人几乎都不参加。"三是日常惯习的均质化。一般而言,不同村庄的村规民约各具特色,既是村民日常惯习的体现,又潜移默化地影响着村庄成员的言行举止。然而,近年来一些村庄的村规民约逐渐均质化,对村民的约束力也逐渐减弱。在湖南郴州西岭村、湖北黄冈赵家湾村、甘肃定西辘辘村、江西抚州下聂村、山东济宁王杰村、广东湛江林屋村以及江苏徐州街南村、无锡华宏村的调研过程中,每位村干部都表示本村有村规民约,并且将村规民约粉刷在墙上或者做成展板,甚至有些村庄将其印刷成宣传彩页发送到每家每户以便村民学习。我们在入村调研过程中,确实也在一些村庄建筑的墙面上、宣传栏中看到了村干部介绍的村规民约,但村民们面对问卷中"您村的村规民约对村民有约束力吗"这一问题时,湖南郴州西岭村、湖北黄冈赵家湾村、甘肃定西辘辘村、江西抚州下聂村、江苏无锡华宏村、山东济宁王杰村、广东湛江林屋村分别仅有3.4%、13.5%、3.8%、13.4%、9.4%、16.7%、8.0%的村民明确表示"有村规民约,并且对村民有很强的约束力"。由此可见,无论是粉刷在墙面上的村规民约还是印刷后发送到每家每户的纸质村规民约,都没有对村民起到应有的约束作用,大多数村民对村规民约报以熟视无睹的态度,更谈不上能够自觉按照上面的要求约束自身一言一行。

此外,传统乡村社会中受到推崇的道德评价和道德权威,在社会转型过程中逐渐失去其优越性,与之相对的是经济评价日趋优先,政治权威日渐加强。面对不断开放的市场和大量涌入的资本,"以各种数字(收入、利润等)为直接表征的经济成就获得了在个人和社会评价上的价值优先性"[1],

---

[1] 王露璐:《从〈百鸟朝凤〉看乡村道德评价》,《中国社会科学报》2016年6月28日。

经济评价在村庄评价体系中逐渐处于首要位置。一方面，人们不再将金钱视为"万恶的根源"，并且在一定程度上认为经济方面的贡献甚至可以弥补道德上的缺陷，从而使经济评价逐渐优于道德评价；另一方面，一部分固守传统道德的人，常常以不适应于新形势的道德规范约束自身，对个人生活造成桎梏，并逐渐陷入生存危机，从而无法为乡村发展作出更大贡献。这一情况与道德上有缺陷但发家致富者的生活形成对比，进一步降低了道德评价的地位。通过调研发现，无论是在经济较为发达的无锡华宏村还是相对落后的定西辘轳村，面对"您认为一个好的村干部在哪个方面最重要"这一问题，选择"带领村民致富"等表示经济评价选项的人数均高于选择"为人正直"等表示道德评价的人数。甚至在访谈中有村民提到"只要他们能带我们致富，他们从中捞一点钱也是无所谓的"。与此同时，在社会转型过程中，村干部越来越多地被赋予政治意义，他们凭借政治上的权威治理乡村，而乡村中的道德权威由于没有实际决策权，影响力越来越弱，从而逐渐被村民边缘化。对于"您认为在乡村日常事务中谁的影响力最大"这一问题，不同村庄村民也普遍认为"村干部"的影响力要强于"德高望重"者。在访谈中，村民表示："村里面都是村支书和村长说了算，人家是官，村里都得听他们的。你再有德，你说的话不管用，那又有什么用呢，解决不了问题。所以老百姓遇到问题还是得去找村里，找其他人没有用，说不上话，只有村干部行。"

在梳理了乡愁之"愁"之后，还需要和大家一起探讨：从伦理视域，如何能够"记得住乡愁"？

进一步探讨

边尚泽：在我的观念里，"衣锦还乡"内在的逻辑就是政治与伦理相关联。

一般情况下，当高官说明自身有政治优越性，即使离开了这个官职，也依然可以保持自身伦理上的优越感，才会"衣锦还乡"。"记得住乡愁"需要一种伦理模式的支持，需要通过做一些事情来达到道德或者伦理上的成就，比如谋求较高的政治职位或者获得良好的经济地位，从而使衣锦还乡成为可能。当前中国的这种城乡模式和状态在不断发展与高速变化，原有的伦理观念不断被打破，新的伦理观念又相继产生。在这种情况下，短期内找不到一个衣锦还乡的充分理由，只有等社会发展到一定程度，才能够按照新的历史诉求重新创造出一种合适的伦理模式留住乡愁。

王璐：在《怀念昨日》（*Yearning for Yesterday*）一书中，作者将乡愁（Nostalgia）定义为"在对当前或即将发生的情况有某种负面和消极情感的背景下，积极地唤起对过去生活的怀念"[1]。从这个意义上来说，我们提到的"乡愁"就是在城市生活出现问题的情况下，对乡村"美好生活"的怀念与追忆。但是，我认为对"乡愁"的理解不能仅仅停留在这个层面，而是应该站在"自反"的角度去思考这个问题，即乡村真的是这样吗？我是不是忘记了乡村不美好的一面？如果我回到乡村，我愿意一直生活在那里吗？也只有解决了这些问题，乡村才能真正承载起人们对"美好生活"的向往，人们也才能真正"记得住乡愁"。

吕雯瑜：李子柒的视频是对城市的一种呼应，而不是对乡村的呼应。李子柒视频中的很多场景，体现出人们对东方田园生活的向往。从更深层次的含义上讲，我们可以把它理解为齐泽克所说的幻象空间，她的视频能够引起人们对日常生活的向往，或者说是对自然的一种追求，甚至说是对于我们当下快节奏生活的一种逃离或者躲避。在这个幻象当中，李子柒给我们构建出一种

---

[1] Fred Davis, *Yearning for Yesterday: A Sociology of Nostalgia*, New York: The Free Press, 1979, pp. 17-18.

田园牧歌式的生活，这种生活是一种想象的生活，它是属于城市的，而不是属于乡村的。李子柒的视频构建出一种乌托邦式的乡村生活，和我们真实的乡村还是有区别的。那么，我们如何才能记得住乡愁呢？心理学上将乡愁理解为人的根基性的一种情感，而在伦理视域或者道德哲学语境下，我们可以将乡愁理解为对故乡这样一种伦理实体或者是对这种伦理精神家园的坚守。当下，想要真正记得住乡愁，可以通过乡村振兴或者打造乡村特色文化等措施来发展乡村。另外，想要促使人们记得住乡愁，需要让人们在心理上对乡村产生认同感和归属感。试想，如果乡村所在的生活空间充满白色垃圾，那么我们也不愿意回归到这样的乡村。因此，我们应该保留或者珍藏那些承载故乡伦理文化的真正美好的东西，这种美好的东西可以通过打造传统文化的建筑格局或者生态格局来留存，以此留住人们感官上的故乡。

侯效星：“记得住乡愁”这几个字是有内涵的。乡愁是要我们记住现存状态的不好，记得现存状态缺失的东西。乡愁其实是一种认知、一种情感，或者说是一种诉求。既然现在变成了愁，就说明原先是美好的。那么，我们就要构建一种新的方式来解决现在的愁。可以通过乡村振兴来重建和还原传统的美好，以解决现在的愁。

史文娟：如何能够记得住乡愁？“如何”是一种规范性行为，不仅是要记得，更要有一个效果，就是记得住。关于乡愁，我首先想到的是乡愁存在的合理性。我们为什么必须要记得，而且还要记得住它？我觉得乡愁对我而言，其实是一种本真的回归。我们可以从人与自然的关系上，也可以从伦理事实上理解本真。因为在现代性影响下，在技术与土地的割裂状态下，人的本真也在慢慢地丧失，所以大家才更向往乡村生活。因此，乡愁的合理性最终还要回到伦理旨归上。

陈佳庆：康德和科斯嘉德认为这个世界是概念化和规范化的，所有的实体和对象都处在一种不断变化的状态。我们看到的特定对象或者实体是人类在固定精神状态下看到的瞬间的存在。因此，一切对象和实体在科斯嘉德的观念里都是一种自我构成的活动。自我构成就是通过特殊的功能和理性活动来不断构成"我"作为"我"的一种身份或存在，人就是不断让"我"成为"我"的一种实体或者对象。自我构成活动中的构成原则就是道德法则，而这样一种自我构成活动的前提是人类主体性的统一，类似柏拉图城邦和灵魂的统一。这种具体统一的形式来自实践的同一性，而实践的同一性英文是 practical identity，还可以被译为实践身份。具体到我们的现实实践生活中，就是我们的规范性来自我们对这种身份的理解。我们必须认可现在的身份，才能不断地让自己成为自己。我认为，现代生活使人的灵魂和生活的身份达不到统一。荣华富贵代表了人的物质需求，代表了灵魂的理性部分，而牧歌则代表灵魂的情感部分。人需要获得这样一种精神的慰藉，然而它们又在现实社会中无法与物质需求达到统一。因此，未来能不能把满足物质和精神需求的格式化生活重新构建为一种新的乡村概念？乡村生活可以在外部空间是完美的自然环境，在内部空间充满现代高科技产品，我们不一定要在科技和自然之间作出选择。我们对待数字时代不应该抗拒，数字时代下的乡村也会有不同的样态，人们也不用再作二选一的抉择。

盛丹丹：乡愁对于我来说不是一个记得住或者记不住的关系，它就像刻在我们皮肤上的文身一样无法抹去。我有两个疑问，一个是乡愁是不是仅仅代表我们从农村去往城市这段记忆深刻的经历？另一个是，为了得到更好的生活资源，人口不断从农村流动到城市，这是不可避免的，在几十年或者几百年后，我们记忆当中的乡村是否会变成别人的景点？

主讲人 深入剖析

"乡愁"不同于一般的忧虑情绪,对待"乡愁"不能以"消解"为目标,而应以"记得住"为旨归。消解乡愁意味着对村庄的道德情感不复存在,其最终指向乡村的凋敝;记得住乡愁则要以乡村振兴为前提,在重塑村庄空间关系、构建乡村伦理共同体、回应村民现实需求的过程中,使乡村成为人们自主选择的家园,而不是被迫选择的居所,实现村民对美好生活的向往。

重塑村庄空间关系是解决乡村转型过程中空间问题的关键环节,是在"在快速工业化和城镇化进程中,伴随乡村内生发展需求和外源驱动力综合作用下导致的农村地区社会经济结构重新塑造,乡村地域上生产空间、生活空间和生态空间的优化调整乃至根本性变革的过程"[1]。通过村庄空间的重构,能够进一步完善村民在生产空间、生活空间和生态空间中的关系,为实现村民美好生活提供物质载体。正如马克思所言,"现代的[历史]是乡村城市化,而不像在古代那样,是城市乡村化"[2],劳动力、土地、资本等生产要素不断向城市集中,传统村庄空间结构逐渐被城市所"挤压"甚至"摧毁"。重塑村庄空间关系不能否认"乡村城市化"的客观事实,应当看到"农村人口向城镇集中是大趋势,村庄格局会继续演变分化"[3],在此过程中需要"打造集约高效生产空间,营造宜居适度生活空间,保护山清水秀生态空间,延续人和自然有机融合的乡村空间关系"[4]。

① 龙花楼:《论土地整治与乡村空间重构》,《地理学报》2013年第8期。
② 《马克思恩格斯文集》第8卷,中共中央马克思恩格斯列宁斯大林著作编译局编译,北京:人民出版社2009年版,第131页。
③ 习近平:《坚持把解决好"三农"问题作为全党工作重中之重 举全党全社会之力推动乡村振兴》,《求是》2022年第7期。
④ 中共中央、国务院:《乡村振兴战略规划(2018—2022年)》,北京:人民出版社2018年版,第19页。

重塑村庄空间关系要以生产力发展为前提。"乡村城市化"是生产力发展的表现，但同时也是生产力不够发达的表现。马克思以生产力发展状况为依据，对城乡空间关系进行梳理，展示了从"城市乡村化"到"城乡统一"，再到"城乡对立""乡村城市化"，最终走向"城乡融合"的变迁路径。现代社会的"乡村城市化"相比于古代城邦国家的"城市乡村化"、亚细亚社会的"城乡统一"、日耳曼社会的"城乡对立"而言，生产力有着极大提升，但与共产主义社会"城乡融合"的生产力要求相比，发展仍不充分。正如恩格斯所言，"乡村农业人口的分散和大城市工业人口的集中，仅仅适应于工农业发展水平还不够高的阶段，这种状态是一切进一步发展的障碍"①。需要注意的是，"城乡融合"并不是向"城乡统一"的简单复归，而是在生产力高度发达的基础上，城市与乡村和谐共存。恩格斯指出，"大工业在全国的尽可能平衡的分布，是消灭城市和乡村分离的条件"，并且强调"文明在大城市中给我们留下了一种需要花费许多时间和力量才能消除的遗产。但是这种遗产必须被消除而且必将被消除，即使这是一个长期的过程"，②指出了城乡融合的可能性和必要性以及过程的长期性。在此背景下，重塑村庄空间关系，应在大力发展生产力的前提下，盘活村庄生产空间、激活农业生产动能，优化村庄生活空间、改善农民日常关系，保护村庄生态空间、凸显农村生态价值。

记得住乡愁还需要重构乡村伦理共同体。人类社会的发展历程也是共同体由低级向高级的发展过程，一般而言，可以将共同体分为"自然形成的共同体""虚幻抽象的共同体""真正的共同体"三种类型，其分别对应"人的依赖性关系""物的依赖性关系""人的自由全面发展"三个阶段。当个体处

---

① 《马克思恩格斯文集》第1卷,中共中央马克思恩格斯列宁斯大林著作编译局编译,北京:人民出版社2009年版,第689页。
② 《马克思恩格斯文集》第9卷,中共中央马克思恩格斯列宁斯大林著作编译局编译,北京:人民出版社2009年版,第314页。

于"人的依赖性关系"时，人与共同体的联系更多是一种"自然联系"，"正像单个蜜蜂离不开蜂房一样，以个人尚未脱离氏族或公社的脐带这一事实为基础"①。当个体处于"物的依赖性关系"时，虽然摆脱了自然共同体的束缚，能够进行独立自由的商品交换，但是"人还受到以物的总代表身份出现的货币（资本）这种抽象共同体的统治"②。只有个体处于"自由全面发展"阶段，进入"真正的共同体"时，个体才能彻底摆脱阶级的束缚，成为"自由人"。"在过去的种种冒充的共同体中，如在国家等等中，个人自由只是对那些在统治阶级范围内发展的个人来说是存在的……在真正的共同体的条件下，各个人在自己的联合中并通过这种联合获得自己的自由。"③为此，重构乡村伦理共同体应着力于促进村民自由全面的发展，要使"生产劳动给每一个人提供全面发展和表现自己的全部能力即体能和智能的机会"④。当前一些村庄在村民自觉自愿的前提下开展"乡村春晚""村庄故事会""广场舞"等活动，为村民更好地发展自身提供契机，并逐渐形成新型乡村伦理共同体。

最后，记得住乡愁还应主动回应村民现实需要。"人们自觉地或不自觉地，归根到底总是从他们阶级地位所依据的实际关系中——从他们进行生产和交换的经济关系中，获得自己的伦理观念。"⑤"记得住"乡愁需要记得住乡村的生产生活状况，不能脱离乡村的发展实际、抽象地描述乡村生活；不能只想象乡村的田园牧歌，而忽视交通不便、教育资源薄弱、医疗卫生条

---

① 《马克思恩格斯文集》第5卷，中共中央马克思恩格斯列宁斯大林著作编译局编译，北京：人民出版社2009年版，第388页。
② 秦龙：《马克思从"共同体"视角看人的发展思想探析》，《求实》2007年第9期。
③ 《马克思恩格斯文集》第1卷，中共中央马克思恩格斯列宁斯大林著作编译局编译，北京：人民出版社2009年版，第571页。
④ 《马克思恩格斯文集》第9卷，中共中央马克思恩格斯列宁斯大林著作编译局编译，北京：人民出版社2009年版，第311页。
⑤ 《马克思恩格斯文集》第9卷，中共中央马克思恩格斯列宁斯大林著作编译局编译，北京：人民出版社2009年版，第99页。

件欠佳等可能存在的事实;不能站在道德制高点,一味批评村民注重经济评价、重视政治权威的言行,而是要在提升村民经济水平、满足合理政治诉求的同时,逐步引导村民重新认识伦理环境和道德素养在追求美好生活中的重要性。与此同时,在乡村发展过程中,不能违背乡村发展规律进行大拆大建、逼迫村民"上楼",而是要尊重村民主体地位,以村民真正意愿为出发点,"注重保护传统村落和乡村特色风貌"①。此外,乡村的定位不能仅局限于城市的蓄水池、稳定器,充当人们被迫选择的居所,而是要成为人们自主选择的家园。

与谈人发言

张燕:无论是李子柒还是张同学,他们之所以能出圈,很多时候是因为他们展示了一种异质性优势。特别是李子柒,她展示的是一种田园牧歌式的风光,对城里人来说是一种完全异质性的生活。而对于农村人来说,李子柒并不是一个真正意义上的农民,她展示的是一种想象中的农村生活,所以农村人也有可能成为她的粉丝。真正的农村生活是有类似于李子柒所展示的美好田园牧歌的部分,但也有很多艰难的地方。农民愿意去看李子柒的视频,是因为其展示的农村生活比较美好,对于他们来说这种异质性的美好生活也是他们所向往的。

关于乡愁,我觉得需要考虑一下"乡愁"这个词能否概括我们已经谈到的许多情绪?在我个人看来,当我们说"愁"的时候,我们更应该愁的是乡村的教育、医疗、养老等现实问题。我认为应当把这种对现实问题的"愁"

---

① 习近平:《坚持把解决好"三农"问题作为全党工作重中之重 举全党全社会之力推动乡村振兴》,《求是》2022年第7期。

和文学意义上思乡、思旧的那种"愁"分开来谈，而不是笼统地用"乡愁"一个词去谈。

除此之外，我认为马克思和恩格斯所谈的共同体应该是人的自由发展的联合体，而这种联合体是否就是今天主讲人所讲的"伦理共同体"还需要进行更充分的论证，并不能只凭语词相近就将两者等同起来。

主持人 总结点评

哲学层面上，我们可以从乡愁的主体、对象和根源这三个方面去理解乡愁。有人认为乡愁是空间上的，是对自己向往之地的憧憬，即使这个地方不是家乡，也不是居住的地方，但依然会对其有某种情结。事实上，乡愁要么是对物质上的家园的感受，要么是对某个地方的精神向往，但这都跟某种意义上的家有关系。这个家可以是空间意义上的家，也可以是精神意义上的家。为什么离开家乡就会有乡愁？我认为，乡愁的根源不仅仅是人想念的地方，而且还同与想念相对立的因素相关。比如，我一方面觉得家好，另一方面觉得外面的世界也好，于是就产生了冲突。在乡愁的相关表述话语中，过去与现在、传统与现代、重建与复原、渴望与批判等，都呈现出乡愁根源的冲突性特质及其与乡愁主体之间的紧张关系，既有对家乡美好生活或其某种表征的怀念，又有出于某些对立的原因而不能归乡的愁绪。如果完全从病的意义上理解乡愁，那么不要记住乡愁显然是更好的选择，但从乡愁的冲突性而言，"记得住乡愁"是对"乡愁"这一中国传统文化术语的传承和转换。"看得见山，望得见水"体现的是物质、生态层面的乡村之"美"，而"记得住乡愁"体现的是乡村伦理关系、伦理精神和伦理生活所指向的乡村之"好"，二者共同构成乡村"美好生活"。我们现在所说的乡愁通向"记得住乡愁",需要以伦理"还乡"为路径。"还"不是简单地赋予,而是以更加丰富的形式将差异性的"地方性道德知识"嵌入乡村伦理的重建。"记得住乡愁"既为现代化进程中的乡村伦理重建提供了道德文化之"根",也为"好生活"提供了理想追求、精神家园等伦理意义。

第七期 关怀伦理中的关系问题

——以志愿服务为例*

主讲人：侯效星

主持人/评议人：王露璐

与谈人：吕雯瑜、武强、金志校、陈佳庆、陆玲、刘壮、
张晨、范向前、边尚泽、赵子涵

案例引入

新冠疫情期间曾有这样两则视频引起关注。一则是2020年4月，武汉疫情解封时，外省医护人员返乡，民众自发排队送别，感谢他们的付出。隔着屏幕的我们对于医护人员的辛苦与付出亦是肃然起敬。另一则是2022年4月，上海疫情爆发时各地医护援助上海，视频中一个态度傲慢的上海大妈面对援沪医护人员，不仅没有感恩之辞，还对着医护人员大声叫喊"服务是应该的，否则就回去"。上海大妈这种态度引发广大网友热议，诸多网友对此傲慢态度给予了强烈谴责。

主讲人 深入剖析

以上案例体现了志愿服务在实践活动中的两种典型状态，分析这些案例

---

* 本文由南京师范大学公共管理学院博士生侯效星、硕士生刘壮根据录音整理。

时，我认为人们似乎默认的一个观点是：一种善意的志愿关怀，应该得到尊重，而不是冷漠的回应。不可否认，随着社会的发展，志愿服务在今天承担着越来越重要的作用，即使存在着困境，也不足以掩盖其积极的社会意义，尤其是人与人之间的一种良善关系。志愿服务在理论和实践中都蕴含着对他者的关怀，在关怀中需要有关怀者与被关怀者。接下来我想请大家跟我一起思考：在志愿服务中，关怀者承担着何种角色？被关怀者的回应对志愿服务的意义何在？

对于志愿服务这一概念，普遍认可的是，它是个体在主观意愿状态下能动的关怀他者、自愿进行社会公共利益服务的实践行为。在现代社会，经常出现所谓"道德冷漠"的现状，他者的生存状态好像跟我没有什么关系，但志愿服务为这冷漠的氛围增添了一些温暖的人伦情怀。然而，正如第二个案例中所呈现的，志愿服务存在的问题也是不容忽视的，这是我们今天要一起探讨的主题。从现实性来看，志愿者与被服务者之间并未形成良好的存续关系。从理论上来看，目前的理论多从宏观角度去研讨志愿活动，比如有学者从志愿服务组织、志愿服务主体和志愿服务受体这三个方面去探讨中国特色志愿服务核心构成的边界问题，以期提高志愿服务效能。然而，对于志愿服务的微观层面关注度不够，虽有研究关注志愿者的动机等问题，但志愿服务活动过程中被服务者的回应，以及志愿者与被服务者的关系甚少得到研讨。值得一提的是，志愿服务是动态的双向互动，不是志愿者的单边付出，被服务者的回应能够调动志愿者的积极性，二者应该形成良好的关系，如此才能更好地推动志愿服务。结合以上案例以及志愿服务的研究现状，我想尝试在内尔·诺丁斯（Nel Noddings）关怀伦理的框架下去探讨志愿服务中志愿者与被服务者的关系问题，以期能够对上述问题有所回应。

关系是志愿服务双方能够产生关怀效能的前提，如果双方在这种互动中没有形成良好的关系，那么志愿服务效果将会大打折扣。而诺丁斯的关怀关系在其理论中承担着桥梁的角色，关怀者与被关怀者是一种互惠的关系，关怀者关注他者，接受他者的一切，被关怀者接受关怀的同时对于关怀作出回应，提高了关怀者的角色认同感和伦理理想。人与人之间存在着复杂的关系，在关系中我们的视角会出于各种各样的原因转向他人，对别人的生存付出关怀，在成就他人的同时，也在成就人自身。由于关系的重要性，志愿服务不应只强调志愿者的付出，关怀伦理也旨在挖掘被服务者对于关怀的贡献。两者的互动和付出同等重要，基于此，关怀关系才能得以存续，志愿服务活动才能得以持续发展。因而从关怀伦理出发，需要定义关怀者与被关怀者在关怀伦理中承担的角色，由此明确推动志愿服务活动的方向性问题。

诺丁斯认为，关怀以及被关怀的记忆在很多时候并没有得到关注，因而她关注关怀。她从女性的包容、责任、感性出发肯定道德体验的意义，在卡罗尔·吉利根（Carol Gilligan）关怀伦理的基础上，系统地建构了属于自己的关怀伦理体系，创建了女性视角的"关怀"伦理。在诺丁斯的关怀伦理中，关怀可被解释为一种个体在进行关怀行为时表现出来的秉性和气质。它以关系为基础，以连接和接触为表征，以专注和动机移位为心理状态，强调两者的互惠性。诺丁斯认为，人们天生渴望被关怀，总是希望在自己的人际小圈子内被爱，在较大的圈外被尊重、被认可。渴望得到关怀的冲动或者曾经被关怀的记忆会促使我们有意识地作为关怀者去行动，从关怀者的直觉和感受性方式开始，关怀被关怀者的利益。关怀，意味着在现实情境中面对他者的困境时，接受他者，将他者纳入自己，接受他者传递的一切信息，做出关怀的行为，帮助他人成长。当然，这里诺丁斯也承认，帮助他人也可以实现自己的伦理理想，即实现自身被尊重、被需要的渴望。换言之，既然强调关系，那么被关怀者的回应也是关怀伦理必须要关注的对象。

诺丁斯关怀伦理涉及关怀者与被关怀者之间关系的三个重要维度。首先，在讨论关怀者这一问题上，与亚当·斯密（Adam Smith）认为"通过想象我们假设处在他的处境，然后在想象中模拟对方经历的苦难"①的观点不同，诺丁斯不是将他人当作客体来分析，而是将他者的一切融入，使自己变成二元主体，因为我们站在他者角度考虑的情感并不强烈，但是将他者与我合而为一，这种同感更为强烈，关怀者的角色也是主动积极的。关怀者接受他人，从被关怀者的境遇出发，全身心地投入和接受。关怀者专注他人的困境、痛苦，认真地去倾听和感受，敞开心扉将被关怀者的一切纳入自己的内心，同被关怀者一起看和感觉，关怀者便进入了关怀的状态。例如，当我们看到一位烧伤的女孩在呻吟，我们也会感觉全身被烧灼，这便是诺丁斯的"动机移位"理论。在动机移位以后，关怀者就开始进入是否要采取行动、如何行动、自身的关怀水平能够帮助他者到什么程度等慎思状态，以此避免冲动行为。继而，关怀者开始付出关怀的行动，帮助被关怀者走出困境。

　　但是在这里我想要提出一个我的疑惑，是关于关怀程度的问题。按照诺丁斯的观点，他者与自己可以合而为一，这种合而为一的心理状态如何能够达到？仅仅通过想象，真的能够做到与他者的情感体验程度一致吗？对此，我试着先给出我的理解，大家可以讨论。我认为通过共情或者移情去体验客体的感受与客体自身感受到的程度是不一样的。亲身经历是独属于客体自身的，其中的利害关系只有本人才能体验，关怀者是无法全身心感受到的，我们只可能努力想象这种情感，而不能完全与客体达到一致。

　　其次，在研究被关怀者对象方面，诺丁斯认为在关怀关系中需要关注被关怀者，被关怀者在这场关怀关系中得到的成长和满足，是关怀关系得以存续的根本。一方面，当关怀者走向被关怀者，他会释放一种接受性态度，接受被关怀者的一切。而被关怀者也需要接受性态度，其内涵是，当被关怀者察觉自己被关注、被关怀时，他希望自己的需要和现状能够真正得到关怀者

---

① ［英］亚当·斯密：《道德情操论》，李嘉俊译，北京：台海出版社2016年版，第4页。

的接受和支持。亦如打碎花瓶的孩子，希望母亲理解自己的不小心。即使是一眼善意的鼓励，被关怀者也可能会在这种关怀中变得越来越强大，从而获得成长。另一方面，被关怀者不能仅是简单地接受或者拒绝关怀，他需要给予一定的回应，当然，从尊重的角度考虑，回应是自由的而非强迫性的。被关怀者对关怀者的付出给予理解和支持，是对关怀者最好的奖赏。在志愿服务中，被关怀者是有思想的能动的个体，每一个个体对于事物的需求也各有不同，因此关怀者在进行志愿服务时应善于倾听被关怀者的真实需要，而不是强行输送"普遍的爱"。被关怀者在接受关怀服务时，也不应吝啬自己的回应，回应能够得到有效关怀，同时也是对关怀者的一种尊重。爱和成长是建立在双方都成为一种献出者的角色关系上。

最后，在关怀者与被关怀者之间的关系方面，诺丁斯认为两者之间是互动、平等的关系。一方面，两者体现为一种互动的关怀关系，一方的存在映射另一方的存在。关怀关系始于关注，表现为连接或接触，形成于关怀行动的付出。面对被关怀者的困境，关怀者被激发同情和关怀的情感，开始关注被关怀者，通过对话等方式与被关怀者进行接触、建立连接，了解被关怀者的一切，付出关怀的行动。在这种关系中，关怀者的角色很容易理解，但被关怀者依然值得重视。被关怀者对关怀者热情的接受、予以信任的态度和对关怀的理解的回应是一段关怀关系完成的必要条件。因而关怀关系不仅需要关怀者的关注和付出，也需要被关怀者的觉察和回应。回应是互动的前提，在互动中，关怀关系的内在机能能够得到深层次的挖掘。在现有志愿服务理论中，我们赋予关怀者过多的责任和关注，而往往忽视被关怀者的义务和回应，所以很多时候志愿服务效果并不尽如人意。关怀者与被关怀者应当形成一种良性互动。关怀者关注和付出，被关怀者根据所需进行回应，两者对志愿服务皆有所贡献，在良好的关怀关系中推动志愿服务有效运行。而另一方面，关怀者与被关怀者呈现一种平等的关系。在关怀伦理中，关怀者与被关怀者是一种平等的关系，并不会因为关怀者是主动付出方，关怀者的身份就高于被关怀者，也并不会因为被关怀者暂时处于弱势，被关怀者就处于一种卑微的状态。诺丁斯认为，在关怀关系中，关怀者与被关怀者虽以不平等的身份相遇，即被关怀者暂时处于需要帮助的困境中，但在关怀的过程中，关怀者应该以一种尊重的态度走向被关怀者。缺乏尊重、流于形式的关怀并不会达到真正有效的关怀效果，因为尊重是平等的基石，平等是维系关系的基础。而作为被关怀者，亦不能有自卑的态度和理所应当接受一切"施舍"的心态。被关怀者在接受关怀的同时，应该付出一定的回应并有作出改变的决心。因此，不管是从两者的角色还是应该有的付出和回应来看，关怀者与被关怀者都处于一种平等的关系。在志愿服务中，关怀者应该用谦虚和尊重的态度关注被关怀者的一切，努力做出恰当的行为关怀被关怀者，而被关怀者应该学会善良地回应，拿出改变的勇气和决心。这种平等的关系是维系良好关怀关系的基础，也是诺丁斯关怀伦理所追求的和谐状态。

诺丁斯的关怀伦理更靠近核心的关注点还在于探究关怀关系存续的内在动因，概括而言，其内在动因侧重于三个方面，即责任、伦理自我和被关怀者对关怀者的理解和接受程度。

第一，责任赋予关怀者关怀他者的动力。在关怀伦理中有两种状态的关怀：一是不需要付出努力的自然的关怀。关怀者面对他者的困境时，自然流露出关怀的欲望和行为，犹如母亲对孩子无私的爱，是一种不打折扣、心甘情愿的关怀。二是需要关怀者付出一定努力的伦理关心。它源自道德敏感及一定的道德自觉，如志愿者们对陌生他者所付出的关怀。诺丁斯也承认，如若距离过远或太过陌生，那么触及他者内心会有一定的困难，但这不意味着我们就应当袖手旁观。关怀关系依然需要建立，他者的困境依然能够激发我们怜悯、关怀的欲望和付出。然而，虽然诺丁斯对距离进行了区分，但是在我看来，还应该对关怀行为本身的程度进行区分。上文已经提到我们无法体会到与被关怀者一样的情感深度，此外我们应该还要根据他者困境的性质进行关怀区分，因为无论如何我们只是助力他者成长，而被关怀者学会的应该是自助。在面对他者的困境时，自然的关怀和伦理的关怀皆以"我必须做些什么"的责任姿态席卷关怀者的内心。这一伦理状态促使主体的我必须对他者作出有责任感的回应，从被关怀者的利益出发去关怀、去行动，这就是对关怀中责任的诠释。它肇始于原初的伦理敏感，这种敏感也许是自然的不需要付出努力的原始冲动，抑或是曾经自己作为关怀客体的某种回忆，激发出关怀者关怀他人的伦理责任。关怀者关注被关怀者，开始思考力所能及的行为去帮助。同时，关怀关系拒绝浮于表面的接触和敷衍的回复，它是全心全意的道德展示，一种无法拒绝的伦理理想。志愿者是关怀关系中的主动者，背负着重大的责任，既然承担了这一角色，理应付出努力去完成这一角色赋予的责任和义务。

作为关怀者的志愿者们在面对社会中他者的困境时，充满同情的内心激发他们对被关怀者进行关注，过去某一时刻自身被关怀的经验图式被激活，情感也得以重现，因而关怀者不能忍受被关怀者处于困境之中，他想要付出行动提供关怀。关怀者追求的是对被关怀者的当下即现有处境的责任，以及规划可预见未来的责任。不同于康德强调理性基础上的义务论，也不同于规范伦理学的理性执着，关怀理论中的责任义务将情感收容，强调直觉、同情和敏感。正如在志愿者服务中，关怀者无需进行长篇累牍的理性分析，往往依情感直觉行事，觉得"我应该"对他人负责，应该做些什么关怀他人。

当然，虽然诺丁斯承认关怀关系依赖人类的敏感和曾经受到的关怀回忆，但并不是说诺丁斯将理性反思完全悬置。诺丁斯强调责任伦理并不是无底线的同情和付出，在关怀关系中，也有两条规范标准：第一条，在关怀关系中形成绝对义务，当处在志愿服务的关系中，关怀者必须对被关怀者作出回应，才能维持这一关怀关系，否则便不能成为志愿者，也就失去了关怀者的身份。第二条，把责任建立在动态的视角去观察，被关怀者的回应越紧迫，那么关怀责任也就越大，关怀者所要采取行动的紧迫性也就更强。

第二，伦理理想和伦理自我助推关怀者的关怀行为。人是社会中的人，我们天然追求他者对自身的认可。追求个人价值，自然就需要与别人建立关系，其中就含有向善的伦理关系。当我们回想自己曾经作为一名被关怀者的经历时，我们能够清楚地感受到对需要、理解和承认的渴望。正如马斯洛（Abraham H. Maslow）的需求层次理论所说，情感与归属、爱与尊重的需要，促使人们通过与他人建立关系引导自身的动机能量，使自身摆脱怀疑和冷漠，然后接近他人，付出行动的能量。关怀关系中的伦理理想是曾经关怀的历史，以及作为关怀者时赋予自己最高的评价。这种对理想的渴望，能够成为帮助关怀者消除他者困境的内驱力。

诺丁斯将关怀伦理分为自然的关怀和伦理的关怀。自然的关怀是自然形成的"我必须"的态度，其评价尺度是一种天然的"善"。这种"善"是感觉，会无意识地对他者现状产生同情心理。这样一种伦理理想是诺丁斯对关怀追求的完满画面，亦是对"关怀"形成自发反应的追求。但现实中，更多时候对他者的关怀是需要努力和付出的。关怀者需要投入精力、感情和时间去付出实践行动。但正因为人们有追求和表达"善"的渴望，有实现伦理理想的欲望，人们才有动力去付出行动，践行关怀。诺丁斯认为，我们可以通过对人的道德敏感的强化，作出必须的承诺，形成惯性思维或者习惯，那么自然关怀的力度就会加大，对他者的关怀也会变得愈发自然。

伦理理想助推关怀，但伦理自我即关于自我的伦理认识亦能够推动关怀动力的产生。在关怀伦理中，伦理自我是真实的自我、作为关怀者的我以及曾经是被关怀者的我之间的动态关系。存在于动态关系中的伦理自我不断审视我与他人之间的关系，在审视中调整自己内心的状态，关怀自己，关心自己的成功和失败。本质上，伦理理想的实现是伦理自我的超越和肯定，正是有对于伦理自我和伦理理想的珍重和追求作为动力，才会不断地敦促自身去关怀他人。比如在志愿服务中，对伦理理想的渴望以及对伦理自我的审视激发关怀者专注被关怀者的困境，产生关怀的动力，在不断的追求与审视中维持关怀关系的存续。

第三，需要考虑被关怀者对关怀的理解和接受程度。关怀关系得以存续的内在动因离不开被关怀者对关怀的理解和接受程度。在关怀关系中，如若关怀者对被关怀者缺乏真实了解，而采用刻板印象的态度走向被关怀者，那么被关怀者只是被视为一种模板式的客体抽象物，极容易被公式化、策略化地对待。这种"关怀"起不到良好的关怀效果，自然得不到被关怀者的理解和接受，关怀关系也很难最终完成。在关怀关系中，诺丁斯强调要表现出专注和动机移位的态度，其目的便在于用心走入被关怀者，观察其所需和所求。当我们以认可、接纳、尊重的态度与被关怀者接触时，我们往往会比较顺利地与被关怀者建立关怀关系，因为关怀者是用一种真诚的态度接触被关怀者，而不是以一种刻板的或者高贵的救赎者的姿态。被关怀者接收到了关怀的信号，理解和认可了自己被关怀的状态，意识到自己被关怀，关怀关系才得以存续。

从被关怀者的角度出发，被关怀者是否能够理解关怀者所传达的关怀，以及是否有意愿接受，是关怀关系能否存续的重要动因。某些时候，关怀者的付出可能并未触动被关怀者，或者被关怀者出于对自身尊严的维护，拒绝接受关怀，关怀关系建立不起来。因此，作为被关怀者，当自身处于一种需要被关怀的困境时，应该持有一种理解和接受的理念，在内心排演是否能够理解关怀者的关怀，或者作出努力接受关怀，运用这种意识消化外界传达的关怀，继而根据自身需求释放或表达被关怀的需求，这种反馈是关怀者调整关怀内容的依据。双方不断作出反应与回馈，由此形成动力，推动关怀关系存续。因而关怀者需要在关怀的过程中去关注被关怀者的理解和接受程度，因为关怀关系拒绝一厢情愿，而应有双方共同的努力。被关怀者的理解和接受程度是关怀关系存续的重要因素。在志愿服务中，关怀者应对被关怀的角色做足功课，了解其真正所需，方能被对方接受。而作为被关怀者，应在关怀的过程中学会理解关怀者的付出，表达自身的接受程度，这是关怀者努力的力量之源，亦是推动关怀关系得以存续的动力。

在如何维系志愿服务中的关怀关系方面，诺丁斯关怀理论能够给予的启发主要有激发道德敏感、关注的双向互惠和持续性关怀三个方面。

第一，从如何激发人们的道德敏感来看，我们知道自然的关怀原始于道德敏感，当我们面对道德情境，在对其进行认知编码之前，几乎一瞬间，某种情绪就会迅速地、自动化地激发我们回忆起曾经作为关怀者或被关怀者的道德图式及其感觉，将其拉回现实刺激我们对他者产生认知和情感上的关怀倾向。在志愿服务中，关怀者接收到需要关怀者的现实处境，在这种处境下，诺丁斯认为，不应将分析和计划的理念作为主导，而应全身心地接受他人。道德敏感刺激了关怀者的记忆、感觉、同情抑或其他心理能力和情感。关怀者接纳被关怀者的现状，走出自己的框架，进入他者的框架，对他者的现状进行观察、感知和解释，这使他们坚信，需要做出某些行为或承诺去关怀。他们关怀他者，从陌生的被关怀者的利益出发行动，与他者建立关怀关系。在这一思维框架下，他们感受到他者所处的现实中的痛苦、需要的满足，从而心甘情愿地、无偿自愿地奉献。这种道德敏感是专注的开始，提高了关怀的强度。一个人如若对他者的境遇无动于衷，也就无所谓关怀的情感了。

第二，从双向互惠的角度来看，诺丁斯认为关怀伦理中的关怀是双向的，是一种互惠的关系。关怀者付出关怀，被关怀者回应关怀，关怀逻辑才能顺利开展。如若被关怀者对于关怀者的付出是冷漠地接收，或是持有拒绝的态度，那么都会削弱关怀关系的强度。志愿者是公益性的，但是也需要一个暖心的微笑作为回报。当然，回应是被关怀者的自由，我们无法强求。但一方面，积极的回应能够使被关怀者感受到胸襟开阔的、自由的心态，并且在这种心态的支持下逐渐成长起来。另一方面，被关怀者在关怀者的眼中看到了那种在意、温暖和善意的态度，会觉得自己在这种关怀关系中得到了什么，比如物质、帮助，抑或是希望。总之，被关怀者如若坦诚接受关怀，就是接受将来会更好的转变。积极地回应能够使关怀者感到温暖、尊重和肯定。关怀者并不要求等价回应，就像婴儿对母亲的照顾给予的呢喃和微笑，这是对关怀者最好的奖赏。基于此，在这种关怀关系中，关怀者的付出得到了心灵安抚，被关怀者给出会变得更好的回应，两者在关怀关系中完成了互惠。这种互惠更具体一点说是走出了囚徒困境中缺乏责任、信任和关怀的境遇，转而走向关怀双赢的良善关系。

第三，从关怀的持续性角度考虑，关怀的目的是建立良好的关怀关系，而不是一次的口头关怀，也不是一两次的慷慨解囊。不同于买卖双方交易完成后关系便会结束，它是一种持续性的关怀关系，需要时间上的延续，而且需要在整个时间跨度内保持对关怀的兴趣。这种持续久到关怀者的付出能够改变被关怀者的现状。关怀关系的持续性能够提高关怀者的非感性同情心，提高其理性和自控能力。良好的关怀关系源于道德敏感激发出的同情和温情。同情感如若饱满便会引发冲动行为，但冲动只是一时的热情，人们感情的维系还需要理性下的非感性同情。它依靠关系双方过去成功的影像所积蓄的力量，依靠双方对美好未来的向往。如此，这种整体性的状态方能保持一种持续性，同时也能够加深双方对彼此的了解。在现实生活中，关怀者与被关怀者需要关注关怀中的持续性。回想你与亲密朋友之间的关系，双方的友谊需要关系双方长久的维系才得以良好地存续，志愿服务中关怀者与被关怀者的关怀关系亦是如此，需要双方共同努力，在一次次的关怀与回应中形成一种持续性关系，直至关怀者体会到了一种富有、增强的生命力和快乐，而被关怀者感受到希望、成长和强大。因此，关怀关系需要持续的关怀、用心的付出、暖心的回应，需要关怀双方能够超越行动本身建立良性的关怀关系，继而使关怀关系得以稳固和存续。

总体而言，诺丁斯的关怀伦理是一种接受模式伦理，正如面对哭泣的婴儿，母亲最先想到的是如何去解决孩子的不舒服，而不是去投射"在这样的处境下我会怎么感觉"，她拒绝把自己放在他人的立场上，而提倡全身心地接受他者。诺丁斯的关怀伦理强调关怀者与被关怀者的关怀关系，这是一种互惠的关系，关怀者接受他者的一切，对他者付出自然或者伦理努力的关怀，被关怀者作出适当的回应，继而推动伦理理想的实现。这样，一种成熟的、完善的关怀关系就建立起来了。立足于关怀伦理，在志愿服务中，关怀者感受他者的需要，承担责任，付出关怀的行动，同时被关怀者在接受关怀时，也应该对他者的帮助予以适当的回应，如此有助于维系良好的、持续性的志愿服务关系。

自由阐述

张晨：我认为有必要对志愿服务进行分类。志愿服务的对象确实很复杂，可以是人也可以是物。如若是物，良好的关系或者诺丁斯所认为的关系的存续该如何构建呢？人与物体之间不需要人与人之间的这种情感互动、回应互动、互惠互动。另外，诺丁斯的关怀理论一直在强调对于他人的一种关怀或者关心，我担心这是否会导致过度重视他者在这个互动过程中的角色地位，而忽视对自我的关心，甚至丧失自我。因此，如若尝试从关怀伦理解读志愿服务的话，首先，应该对志愿服务进行种类区分，把关怀关系讨论的范围明确在人与人之间，这样关怀者与被关怀者就可以讨论关系问题、存续问题以及如何提高关怀行为的问题。其次，我觉得关怀伦理的应用也存在限制。因为它的内涵是关系、互惠和回应，但是，即使是人与人之间的志愿服务也不一定非要建构一种关系。当然我认可的是，大部分情况下还是需要建构良善的关系，才能够产生实效性服务。概括一下我的观点就是：诺丁斯的关怀伦理反对普世的爱的观念，强调特定的关怀者与被关怀者之间的交往和回应。她认为，好的关怀要求我们重视被关怀者的特殊性、表达关怀方式的合宜性以及被关怀者真正的福祉。可以说，她为关怀伦理提供了一幅细致的道德心理学图景。但是，应当注意的是，她过于强调对他人的关怀而忽视了自我关怀的重要性，并且对关怀的规范性问题认识不足，这也是其局限性所在。

陈佳庆：高校将志愿服务作为学生素质评定的一部分，使其发起变得越发功利化。甚至在实践中，并不是所有的志愿服务活动都必须形成关怀伦理所提倡的关怀与被关怀的稳定关系，或者说不需要形成稳定的关怀关系，如核酸志愿者维护秩序，志愿者只需把秩序维持好即可，这里面很难体现诺丁斯所关注的关怀关系。在志愿服务模式中，双方是互相关怀，并且给予帮助，所以志愿服务的前提是在人与人之间进行。基于此，志愿者身份可分为两种，一种是公益志愿者，另一种是类似戒酒互助会这种互利性志愿者。另外，我认为志愿服务并不完全属于人与人之间的一种行为活动。如，我通过义务劳动打扫社区，使其变得整洁，从劳动本身来说，我没有同他人形成一种直接的关怀关系。由此看来，志愿服务并不具有固定对象，人或者物都可成为服务对象。对于志愿服务的关系，我认为人与人之间的自由自愿是前提，双方人格自由是保障。当然，志愿服务不能仅着眼于自愿，为社会和他人尽一份力更应该尽一份德性义务，我们有义务去构建一个有温度的社会。在志愿活动中，爱和关怀是重要的，理性与义务也是需要被考虑的。

范向前：我认为关怀伦理学它本身从家庭伦理出发，关注的是人的特殊性和差异性关系，或者说人的脆弱性，正弥合了罗尔斯所提倡的公平正义这种抽象关系。法国思想家帕斯卡尔（Blaise Pascal）曾经说过，"人只不过是一根芦苇，是自然界最脆弱的东西；但他是一根能思想的苇草。用不着整个宇宙都拿起武器来才能毁灭它；一口气，一滴水就足以致他死命了"①。诺丁斯的关怀伦理就是面向他者的关怀，是为了关怀的对象而行动。这种关怀伦理首先需要处理的就是家庭内部的关系，如与父母、老人之间的关怀关系，她的关怀圈是在家庭内部并未扩展，随着其体系的健全和发展，关怀伦理学便逐渐适用于陌生人社会当中的伦理关系，转向志愿服务就可以将其解释为志愿者产生关怀动机和情感或者共情，对被服务者施以关怀，满足被服务者的需要，被服务者对关怀活动作出回应。这样不仅满足了被服务者的需要，同时也满足了志愿者的某种需要，如尊重、责任的满足。这种关怀关系强调的是双方的平等地位和互惠关系。如若双方不平等，一方趾高气扬，而另一方不受嗟来之食，两者没有产生良好的对话或者互动关系，那么平等的关怀关系也很难建立。我认为这里的平等，它不是否认差异的平等，而是在尊重双方需求基础上的一种平等。

吕雯瑜：人是关系性存在，任何人都处于多种关系之中。关怀和被关怀是人的基本需要，它包含着爱、尊重、希望和责任。从生物学角度看，虽然人是最高等的动物，但人也是最脆弱的。与其他动物相比，人在进化过程中对周围世界的天生适应能力也相对较弱。一般的动物在出生后很短时间内就能适应周遭的环境并自主生存，而人却需要较长时间去学习站立、行走、说话，才能做到自主生活，在这个过程中还离不开社会和他人的关怀和帮助。因此社会需要关怀服务，但是关怀服务也不能单纯只讲服务，所以，我比较赞同诺丁斯在关怀伦理中提出的对被服务者的关注。她要求我们关注被服务者的

① ［法］帕斯卡尔：《思想录》，何兆武译，北京：中国国际广播出版社2009年版，第87页。

反馈，从而使关怀行动的双方形成一种互惠的关系。这样，一方面被服务者接受关怀走出困境，另一方面关怀者收获回应，形成正向情感。在现实中，志愿服务现状存在着诸如效果不佳、持续性不强的问题，如若想要解决这些问题，我个人觉得可以尝试从关系出发，因为一段良好关系的存在不仅是行动的积极因子，更能够给双方带来愉悦的体验，这种愉悦是心灵情感的满足，从这个点来说良好关系也是服务者与被服务者所追求的。但是我对于关怀伦理能否完全解读志愿服务也是存疑的。因为志愿服务的内涵很复杂，它可以服务于物也可以服务于人，对于物并不要求一种关系的存续，而且关怀伦理其实对于陌生关系的关怀力度是不够的，因为正如前面同学所讲的，它是从内圈到外圈的一种发展，内圈的情感往外延伸到外圈，情感力度势必减弱，运用到志愿服务活动中就可以理解为情感的程度不够，那势必会影响志愿服务的效果。

金志校：刚刚各位一直强调他者，认为关怀伦理是一种他者伦理，但是我不这么认为。因为从列维纳斯（Emmanuel Levinas）的角度来说，他者不是一种纯粹外在性，我与他者面对面这种处境，致使我无法完全把握他者。列维纳斯为何说他者是一种拥有无限性、外在性的存在呢？是因为他认为西方哲学处于同一性的暴力之中，即强调用同一性来涵盖他人。列维纳斯的思想还来自神学家马丁·布伯（Martin Buber）的主体间性，他们皆认为我没有办法体会他人经历，诺丁斯却很明确地指向我能够完全接受他者。诺丁斯在书中也引用了布伯的观点，所以我怀疑诺丁斯对马丁·布伯的我与他者关系的思想存在误解。但他们也存在着思想的共同之处：他们都强调关怀客体对于关怀主体的一个回应，也就是要通过客体的正向反馈来回应主体所承担的责任。这也意味着被关怀者承认关怀者关怀行动的有效性。诺丁斯认为，关怀从家庭出发，是一种从内圈走向外圈的活动模式，根植于由内向外的扩散，这就存在着关怀程度的深浅问题。内圈到外圈的情感动机是在减弱的，所以对于关怀伦理是否能够完全解读志愿服务，我是存疑的。当然，在志愿服务中很重要的一点就是服务主体与对象的关系，而关怀伦理的重点也是在强调关系，所以运用关怀伦理来分析志愿服务活动的关系问题，我认为在一定程度上是恰当的。但是不能将关怀伦理等同于他者伦理。因为就列维纳斯所使用的他者而言，他者是一个绝对外在的存在，我们无法把握他者。而关怀伦理是强调关系的，强调关怀客体对于关怀主体的回应。

刘壮：诺丁斯在其理论中把关怀的视角转向教育，在诺丁斯看来，学会关心就是要培养出有能力关心他人并且自身值得被爱的人。诺丁斯的理论受吉利根影响很大，吉利根认为以往的哲学或者伦理学都是以男性视角来观察和解读这个世界，但是她认为女性情感的细腻、关心的能力亦是社会所必需的，所以从女性视角倡导关怀。但是诺丁斯更有特色的一点是她不仅从女性视角出发，而且看到关怀当中的关系——一种能够让关怀存续下去的质因，她大力提倡把这种关怀关系放置于教育当中，培养孩子的关怀理念。回到今天我们所探讨的话题，结合以上同学所说，我认为不仅需要对志愿服务进行分类，对关怀的对象也应该进行分类，因为就像同学们说的，打扫社区卫生，服务的直接对象是社区而不是人，人是最终的受益者，但两者不是关怀与被关怀的直接关系。可能还需要对关怀对象进行细分，才能更好地去阐释关怀理论。

赵子涵：当我在做志愿服务的时候，我觉得支持我做下去的原因主要有以下两点：第一，我所接受的教育是给予永远比索取愉快，帮助他人是一种良好的道德品质，所以在进行志愿服务的时候，我会认为这是在进行良善的活动，它使我身心愉快，也会让我收获很多。第二，我愿意在志愿服务中增加更多的人生体验。接下来我想谈一谈志愿者与被服务者的关系是否平等的问题。我认为诺丁斯的关怀伦理主张的是一种平等的关系伦理。关怀者与被关怀者是一种互为主体的关系，我是关怀者，我做出行动关怀被关怀者，但同时被关怀者给予关怀者一定的反馈。关怀者与被关怀者形成一种良性的沟通与互动关系，它和怜悯及慷慨完全不同，怜悯是接受者用自尊去换，而慷慨是受益者的一种自我享受。慷慨与怜悯不存在关怀关系中的互动，也不强调关怀中的感受性和关系的存续问题。而关怀关系是持久的、存续性的、关注双方感受的关系行为，强调的是全身心的投入。接着，我想谈谈关怀的圈层问题。关怀关系就像一个同心圆，例如，以我为圆心，以爱为出发点，由内向往分别圈入我的家人、亲戚、好友、老师同学……离圆心越近，关系越亲密，我关怀程度越深，我越希望做出关怀行为满足对方的需求。最后，我想说说关怀关系需要的情境问题，不同的情境下关怀行为不同，关怀目的不同，关怀对象也不同，需要关怀者做出与情境相适应的关怀行为而不是大而化之地进行同一种模式的关怀。当然，这就要求关怀者自身进行道德自我完善，但这正是关怀关系存续的原因，因为关怀就是一种道德完善，也就是诺丁斯所说的道德理想的完成。因此我觉得想要关怀行为有效，需要关怀者去解读或实施相应的关怀行为，最终实现关怀者道德理想的自我完善。

陆玲：我认为关怀活动的完成有三个环节。第一，关怀者能够设身处地为被关怀者着想并接受被关怀者。这里面探讨的其实是对关怀者的要求，关怀者需要对被关怀者有一定的了解，而不是盲目进行关怀。在实践活动中，很多时候志愿者是被动地去服务，对所服务的对象并不够了解，不了解也就很难做到共情，没有共情，双方也不会形成诺丁斯所追求的关系。因此关怀伦理告诉我们，有效的志愿活动是需要对被关怀者进行了解的。第二，关怀者向被关怀者发出关怀行为。关怀行为要付出实践活动，更多时候需要意志努力并付出时间和精力，单纯用语言表达关怀虽有效果，但不如实际付出更为有效，所以诺丁斯认为做出关怀需要发出关怀行动。第三，被关怀者在接受关怀行为后作出回应。在诺丁斯看来，关怀关系是双方共同努力的产物，关怀者与被关怀者都具有建构、维系与巩固这段关系的义务。因此，被关怀者在接受关怀行为的时候，不应理所当然地接受，而是需要作出一定的回应，双方才能够产生互动的效应。最后我想补充说明一下，在诺丁斯的关怀伦理中，关怀者与被关怀者的良性互动，不仅形成了一种良好的关怀关系，也是一种美德的表达，两者都需要强调。比如说友爱和耐心，可以是一种美德，也可以促进两者之间的关系。因此，诺丁斯认为，当你与他人形成一种关系的时候，你就要去培养这种关系，因为它是美德，也是你与社会形成良好关系的一个基础。

武强：2022年5月底，中宣部、教育部联合印发了《面向2035年高校哲学社会科学高质量发展行动计划》，提出了构建中国自主知识体系的目标。这是非常好的重新构建新时代志愿关系理论的契机，确实应该体现社会主义国家的理论特色。我们看到大量为了吸引眼球的不真实或作秀的行为，也深刻体会到这种功利目的带来的志愿者和被服务者之间在感情和行动上的对立和隔阂。这可能也是引起我们讨论这个问题的始因。关怀伦理提倡关怀，其实从词源上看就能够感受到这种理论的温度，社会需要进步，也需要人与人之间的相互帮助，这种帮助不在乎距离的远近，而在乎我对于你的关怀是否有效，危难中的一点儿帮扶也许就是希望。因此我认为诺丁斯的关怀伦理其实可以适用于志愿服务的解读。当然，今天讨论的主题是关怀关系，我认为诺丁斯所提倡的关怀关系也是一种向善的、良好的、有温度的关系。这种关系是我们解决志愿服务中存在的效果低下问题的一个路径。因为冰冷的关系被打破之后也就意味着情感的破冰，当两者愿意接纳对方，有效的关怀也就开始了。从这个角度来说，我认为关怀关系可以适用于志愿服务。但是，正如各位同学所说，志愿服务对象具有复杂性，确实应该分类，分类后才能够更加明确关怀者与被关怀者之间如何构建以及怎样去构建一种可以存续的、良好的关系。

边尚泽：我认为志愿服务可以大致分成两类：第一类是劳动实践的志愿服务活动，具有服务性、实践性特点，如为社区捡垃圾。第二类即是今天所说的关怀型志愿服务活动。我认为这可能更侧重于关注他者不平衡的心理状态而进行的服务行为。例如，去年我朋友生病，心里难受异常，我立即赶过去看他。后来我在思考，是什么动机促使我产生同情心理，甚至做出不远千里去看望他的这种关怀行为。思考之后我得出的结论是：我坚信我的这种关怀行为是有效的，比如会给他带来安慰，甚至给自己的担忧一个安慰。另外，我觉得这种关怀可能还有一种情感在里面，即是共情。这里会产生一个问题，我们会因为共情而有动力去实施实质性的关怀行为，但是我们所提供的关怀行为能不能达到预期效果？因为能力现状等问题，我们也许只能提供一种简单的安慰式关怀，不含有专业关怀技巧，这种关怀行为的力度是否能够有效地得到对方的认可？因此这里的疑惑是，我们如何才能够利用诺丁斯的关怀行为给对方带来积极的关怀效果？诺丁斯的关怀理论在这一块儿是如何呈现的呢？另外，诺丁斯谈到关怀问题的存续，从心理咨询的角度来说，关怀追求两者关系的终止，这样很大程度上意味着受访者得到了有效的帮扶，从困境中解脱，所以医患关系终止。但诺丁斯说希望关系存续，为什么要存续呢？这是我的另外一个疑惑。我尝试给出的解答是，她希望的是两者在保持关怀关系的状态中时，这种关怀不是一次的帮扶而是多次的，换个角度来理解是过程中的存续，可能是这样一种含义。

主持人　总结点评

关怀伦理中的关系理论能否解释志愿服务是此次话题争论的焦点。"志愿"与"自愿"两个语词存在伦理意蕴和价值目标的差异。志愿服务的首要前提是人的自愿,自愿原则是应用伦理学中所应用的最普遍的原则。从这个角度来讲,自愿有一个更高的伦理意蕴和价值评价,所以对志愿服务中的志愿者存有一种非常理性化的评价和判断。当我们去理解志愿服务的时候,尽管它的形态是非常多样化的,每个人的诉求也可能具有个性特质,但是志愿服务仍然可以用一种关系理论去解释。用诺丁斯的关怀伦理对志愿服务进行阐释略显单薄,比如从 C 可以推出 B,从 A 也可以推出 B 的时候,A 和 C 之间是不是能够建构起一种关系?因此同学们今天的讨论主题也关涉到能不能用关怀伦理来探讨志愿服务的问题。但是从关系的角度去思考志愿服务是一个很好的角度,完全可以借助马克思关于人的本质理论作为参考。马克思认为,人的本质是一切社会关系的总和,追求的是人的自由而全面的发展,其中的人不是孤立的人,而是处在一定社会关系中的人。良善社会需要一种和谐融洽的关系,我们用一种行动在这个社会中建构一种良性的关系,而自身同样认为我是这一关系中的角色。因此,我才愿意通过我的付出,成为这个社会关系当中的一分子。从这个意义上说,志愿服务可以成为人们构建社会关系的重要形式。因此,深入挖掘马克思关于人的本质阐释中更广义上的社会关系理论,有助于对志愿服务问题作出更加有力的解释。如果从能力进路和关系进路来思考志愿服务问题,则有助于给出更具解释力,且更具实践操作性的理论阐释。

第八期　科技时代的权利、能力与尊严

——以老年人的"数字鸿沟"问题为例[*]

主讲人：张燕

主持人/评议人：王露璐

与谈人：史文娟、吕雯瑜、侯效星、范向前、陈静怡、
陆玲、刘壮、冒絮、盛丹丹、赵子涵、边尚泽

案例引入

近日一则视频让无数人流泪：一位食物短缺的独居老人站在紧锁的超市门前，他把脸贴在门缝里，苦苦恳求超市内的工作人员卖给自己一些菜。出于防疫要求，对方说："不收现金，要用微信买。"从未接触过微信的老人无奈问道："啥是微信？""这微信上哪去取？"几番沟通未果，老人近乎夹带哭声，无助地哀求道："你可怜可怜我……"这种情形其实特别多，只是在疫情之下显得更为突出。疫情期间，有老人因为不会用手机订菜，急得崩溃大哭，有的老人因为没有健康码乘不了公交车，没有健康码、行程码连菜场都进不了。

平常生活里，不会使用智能手机的老年人打不到车，买不了火车票，在医院求医问药也常常因为没有智能设备而遭遇不便，比如想挂的号在网上早被挂完了，现场根本挂不到，借不到轮椅，等等。有一则"老人为买票下跪"的视频曾经引起关注。临近春节，一位来自安徽的老人，刚结束一年的

---

* 本文由南京师范大学公共管理学院硕士生范向前根据录音整理并经主讲人张燕审定。

外出务工。他背着行囊，露宿在火车站，迫切想回家见见女儿。可他连续6天清早去车站排队买票，都被告知车票已经售光。老人趴在窗口，不甘心地说："哪怕是站票都行。"工作人员告诉他："我这里只卖到7日，你要去网上看8日、9日的票。"老人崩溃了，他瘫坐在地上，抹着眼泪说道："网上俺不会。"当民警前来询问，他竟然急得下跪。

主讲人　深入剖析

从以上几则案例可以看出，老年人在现代生活中遭遇到数字技术发展带来的一些不便和困难，有人将这种情形形容为"数字鸿沟"，认为"数字鸿沟"犹如一道横在老年人面前的天堑，即便舍弃尊严也无法填平。在年轻人眼里愈加便利的数字科技，成为众多老年人无奈叹息的来源。社会各界也关注到了老年人的"数字鸿沟"问题，但在此问题上存有一些不同的声音和态度。有一些人认为，数字科技给老年人的生活造成了很多不便和麻烦，并且这对老年人是不公平的。也有人认为，数字科技的发展并没有问题，不会使用数码产品是老年人自己的问题。"什么都不会的老年人，就别出来给社会添麻烦了。""科技发展快难道有错？他们跟不上是他们的问题！"由于有着这样迥然不同的态度和看法，老年人面临"数字鸿沟"的现象也成为哲学伦理学界关注的热点问题。

"数字鸿沟"是一种比较模糊的说法，通常指数字信息技术在使用者与未使用者（无能力或能力障碍使用者）之间造成的社会分层。今天我们所讨论的"数字鸿沟"，主要是指在以数字为核心技术的科技发展模式下，数字能力下降或是存在某种数字能力障碍导致一些基本社会功能无法实现的情况。"数字鸿沟"的根本问题在于，在数字时代，老年人数字能力减弱，导致其在日常生活中人的基本权利实现能力下降，成为数字弱势群体。换言之，"数字鸿沟"隐蔽地剥夺了数字弱势群体的一些基本权利，这种剥夺的隐蔽性在于形式上并没有剥夺，但实际生活中，数字弱势群体被拒绝在诸多原本可以参与的事情之外，他们的人格尊严在"数字鸿沟"面前也无法得到充分保障。

当提出"数字鸿沟"隐蔽地剥夺了一部分人的基本权利时，一系列问题自然也随之而来：什么是人的基本权利？人的基本权利有哪些内容？"数字鸿沟"如何剥夺了一部分人的基本权利？为什么这是隐蔽的？

人的基本权利即指人权。尽管人权是一个广泛的、不断发展中的，且充满争议的概念，但具体到各个主权国家，一般而言，法律意义上的权利通常是清晰的、具体的。道德意义上的人权尽管没有法律条文那样具体明确，并不经过权威部门颁布，但是有着一些基本共识。比如乘坐公共交通工具的权利，去医院看病就诊的权利，到菜场买菜、到超市买柴米油盐酱醋茶的权利，这些都是人作为人而具有的基本公民权利和经济、社会权利，并且这些权利的来源也是能够被公认为人所固有的或与生俱来的。因此，不管是年轻人，还是老年人，不管是使用数码产品的人，还是不使用数码产品的人，都应当享有这些基本权利，并且社会应当提供享有这些基本权利的实现方式。当然，在老年人的"数字鸿沟"问题中，这些基本权利并没有被公开或显性地剥夺，并没有人声称老年人就不具备这些权利。这些权利的被剥夺或丧失是具有一定隐蔽性的。特别是在疫情期间，出于对流行病学调查的信息统计需求和对阻断病毒的隔离需求，健康码、行程码、核酸身份码等数据信息码已经成为比身份证还重要的身份标识。以买菜为例，在一般情况下去菜场不会需要携带身份证，无论是哪里人总是可以进入菜场买菜。但在疫情期间，去菜场得出示健康码才能被允许进入，因此买菜的前提是得有一部能生成和显示健康码的智能手机，并且还需要会使用能生成健康码的应用软件。如果没有智能手机，或者不会使用生成健康码的应用软件，即便有身份证也没用，健康码才是能让人流通、让人完成基本生活需求的重要身份标识。在疫情管控期间，没有健康码、行程码等各种数字身份码，就意味着一些基本生活需求无法得到满足。在平常生活中，不会网上购票，不会软件打车，就意味着寸步难行，那些用以保障生活的基本权利就在这样的"数字鸿沟"中被剥夺或者充满了实现的困难。换言之，尽管数字弱势群体在形式上仍然拥有那些作为人的基本权利，但因为"数字鸿沟"的存在，他们无法在生活中顺利实现这些基本权利。

"数字鸿沟"的出现以及数字弱势群体的产生，使"数字人权"概念得到广泛传播和关注，甚至有学者主张将"数字人权"作为第四代人权的主要内容，引领新一代人权的发展。所谓"数字人权"，意指"广泛适用数字领域的人权，其核心特质在于数字社会背景下的数字化的权利需求和权利的数字化实现，主要包括数字自由权，数字平等权利，参与和构建数字公共环境的权利，工作场所、商业环境及特定环境中的数字权利"[1]。就概念而言，"数字人权"与传统人权概念最大的区别是社会环境的变化，数字科技迅猛发展并带来各种社会问题是这一概念产生的总体背景，权利的内核并无明显变化。提出"数字人权"，就是要在价值上申言数字科技必须以人为本，必须把人的权利及尊严作为最高目的，并以人权作为其根本的划界尺度和评价标准。同时，提出"数字人权"，就是要在制度上强调科技企业尊重和保障人权的责任，以及政府尊重、保障和实现"数字人权"的义务。[2]可以看出，提出"数字人权"的目的主要在于通过权利的语言和体系，来保障数字弱势群体的权利。"数字人权"的概念当然是美好的，它从理论上强调了数字时代人的权利和尊严的重要性，明确地提出保护数字权利的要求。但从实

---

[1]　杨学科：《第四代人权论：数字时代的数字权利总纲》，《山东科技大学学报》(社会科学版)2022年第2期。

[2]　张文显：《无数字 不人权》，《网络信息法学研究》2020年第1期。

践层面看，尽管数字人权的主张方向是尊重人的基本权利，但要真正实现"数字人权"，还需要具备相应的数字能力。换言之，数字人权的实现基础是数字能力，只有掌握了数字能力才有实现数字人权的现实可能。

就老年人的"数字鸿沟"现象而言，其主要问题在于老年人数字能力的减弱或衰退造成了权利实现能力的下降，进一步带来了人格尊严的贬损。老年人数字能力减弱的原因是多方面的，经济能力、身体能力、学习能力以及复杂网络环境带来的不安全感都成为老年人数字能力下降的影响因素。在经济能力方面，尽管对大多数人而言，手机的消费并不会成为生活的压力和困扰，然而并不能因此就忽略一个事实：我国的低收入人群数量还较多。2020年5月28日，李克强总理在第十三届全国人大三次会议闭幕后的记者会上指出："我们人均年可支配收入是3万元人民币，但是有6亿中低收入及以下人群，他们平均每个月的收入也就1000元左右。"① 对于每个月收入1000元左右的人来说，拥有一部智能手机并不是件易事，并且即便顶着生活重压购置了智能手机，每个月的手机消费也是一笔不小的家庭开支。在这种情况下，经济能力作为实现数字能力的一个前提条件，对"数字人权"的实现起着至关重要的作用。而在低收入人群中，老年人口占绝大多数，特别是农村地区的老年人，经济能力薄弱是较为现实的情况。在学习能力方面，老年人对智能设备的学习和掌握能力与年轻人相比也有着较为明显的差距。特别是一些偏远地区的农村老年人不识字，再简单的手机功能，对于他们而言都是巨大的挑战。即便是有一定文化水平的识字老年人，智能手机相对复杂的界面和功能也使他们掌握起来非常困难。除了经济能力和学习能力，身体能力逐渐退化和下降也给学习掌握智能设备带来较大障碍。随着年龄增长，老年人视线模糊、记忆力差、反应能力弱等情形也显著增多和加重，这些身体上的退

---

① 新华社:《李克强总理出席记者会并回答中外记者提问》，2020年5月29日（2022年6月7日引用），http://www.gov.cn/premier/2020-05/29/content_5515798.htm#allContent。

化也让他们在智能设备面前显得无奈。另外，网络空间环境复杂，信息真假难以判断，网络诈骗时有发生。网络诈骗大多针对识别能力差的老年人，由此也给老年人在心理层面带来巨大压力从而使其产生本能的抗拒。

道格拉斯·亚当斯（Douglas Adams）曾戏谑、但非常贴切地描绘人们对科技的反应："我想出了一套规则，这套规则适用于我们对科技的反应：1. 在你出生时已经存在的任何一切都普通而平常，只是世界运行秩序的组成部分；2. 在你15—35岁之间诞生的任何科技都是崭新的、令人激动的革命性成果，说不定还会成为你以后的事业；3. 在你35岁之后诞生的任何科技都是违反自然秩序的。"[①]虽然他所设想的对科技的反应产生退行性变化的年龄是35岁并无确切根据，而且把35岁作为人体机能退化的年龄界限也略显为时过早，但不能否认的是，人在到了一定年龄之后，诸多身体机能确实会发生退行性变化，进而带来学习能力的下降，对科技以及科技产品的反应能力亦随之下降。老年人的"数字鸿沟"，或是"5G时代的2G老人"，正是对老年人在数字产品使用能力下降方面的一种概括，比亚当斯的描绘更为残酷的是，这些"先进"科技对大部分老年人（当然不是全部老年人，也有少数老年人是能够跟上科技发展步伐的）而言，不仅违反自然秩序，甚至会造成实现基本权利的困难和阻碍，进而使他们的尊严和社会地位得不到充分保障。

尽管数字能力下降导致"数字人权"难以实现的观点能被大多数人理解和接受，但这个观点也需要回应一个重要问题：老年人成为数字弱势群体，我们就要去批判科技进步吗？这个问题说得更直白一点就是：老年人不会使用智能手机，这是智能手机的错吗？这是制造智能手机的人的错吗？这是科技进步的错吗？ 就像有人对于老年人买不到火车票最后给警察下跪这件事评论说："科技发展快难道有错？他们跟不上是他们的问题！"对这一系列问

---

① Douglas Adams，*The Salmon of Doubt：Hitchhiking the Galaxy One Last Time*，Harmony Books，2002，p. 60.

题的回应，需要引入美好生活观念和社会批判理论加以分析。

批判理论的诸多版本中有一条较为现实的路径是借助美好生活观念来检视社会实践。正如罗萨（Hartmut Rosa）指出："人类主体在行动与决策当中，无论有意还是无意，都会持续受到美好生活的想象所引导。我们之所以是一位社会行动者，是因为我们会知道我们应走向何处，是因为我们认为行动会创造美好且有意义的生活。所以，对批判理论来说，最值得采取的讨论切入点，不是人类天性或本质，而是社会所造成的痛苦，并由此批判性地分析美好的观念和实际的社会实践与社会制度之间的关系。因此，让主体想去追求美好，却又让主体必然无法真的实现美好的那种社会情境，必然就是社会批判首要针对的目标。"①一般而言，科技活动作为一种创新行为和活动通常都以创造美好生活为行为愿景，智能手机、网络科技、各种功能丰富的应用软件等，大多是为了使现有生活更方便、更轻松、更美好而开发的。然而，从老年人面对"数字鸿沟"的社会现实来看，当前的一些智能科技设施以及一系列的配套社会环境并没有给老年群体带来美好生活，反而还影响到了老年人自我决定的能力，老年人的个体自主性以及集体自主性的发挥都受到了负面影响。在这种情况下，我们应当关注科技发展特别是数字科技带来的问题，并加以反思和批判，因为它所带来的社会关系系统性地阻碍了人类（至少是数量不少的一部分人类）去实现想象中的美好生活。

进一步讲，科技不仅仅是一种技术性的活动或是行为，还具有非常重要的社会建制（social institution）功能。无论是科学还是技术，都依赖于在社会环境内实现共同目标的不同要求、不同个人之间的分工和协作。社会建制当然是与社会目标、社会秩序、社会结构等因素联系在一起考虑的。良好的社会建制通常内含对未来社会的美好愿景，以及为此愿景所作出的详细规

---

① ［德］哈特穆特·罗萨：《新异化的诞生——社会加速批判理论大纲》，郑作彧译，上海：上海人民出版社2018年版，第67页。

划。就社会目标而言，以美好生活为导向应当是科技作为社会建制的发展方向，好的社会建制通常会产生和谐的社会秩序、合理的社会结构。当科技"进步"反而造成了社会秩序的不和谐，老年人不能在一个对他们来说安全、方便、能够自主行动的环境中生活，这样的社会建制自然会受到质疑和批评。当然，这里的批评并不是针对科技发展的全盘否定式评价。科技以及将科技纳入社会治理体系的管理环节，对于科技可能带来的负面影响考虑不够谨慎和全面，忽视人的基本权利、能力限制并影响人格尊严，批评只是针对这部分内容的反思与质疑。

在社会治理层面，联合国在1991年就通过了《联合国老年人原则》，鼓励各国政府尽可能将独立、参与、照顾、自我充实、尊严等原则纳入国家治理方案，并明确老年人生活中的诸多基本权利与尊严保障。例如，老年人应能通过提供收入、家庭和社会支助以及自助，享有足够的食物、水、住房、衣着和保健；老年人应能生活在安全且适合个人选择和能力变化的环境；老年人应始终融合于社会；老年人应按照每个社会的文化价值体系，享有家庭和社区的照顾和保护；老年人居住在任何住所、安养院或治疗所时，均应能享有人权和基本自由，包括充分尊重他们的尊严、信仰、需要和隐私，并尊重他们对自己的照顾和生活品质做抉择的权利；老年人的生活应有尊严、有保障，且不受剥削和身心虐待；老年人不论其年龄、性别、种族或族裔背景、残疾或其他状况，均应受到公平对待，而且不论其经济贡献大小均应受到尊重。对照以上国际公约的原则不难看出，老年人的"数字鸿沟"问题也凸显了社会治理在对老年人的权利、能力和尊严等方面的考虑有所疏忽。

事实上，老年人的"数字鸿沟"问题只是科技发展带来的社会问题的一个缩影，就作为社会建制的科技而言，其对人类生活的影响是方方面面的。科技对于世界的正面影响当然是值得期待的，但对于世界的重大负面影响也是可以预见的。例如，核科技一方面对人类意味着技术增强，另一方面也意味着巨大的毁灭风险；人工智能在带来诸多生活便利的同时，也造成了很多人类权利和尊严受损的现实问题；等等。因此，对于科技而言，仅仅是质疑和批评是不够的，还必须加以伦理规制，促使科技向着美好生活、和谐秩序的方向发展。

当前，加强科技伦理实践，在科技活动中采取伦理先行、引导科技向善的价值追求和治理策略已经得到社会公认。2022年，中共中央办公厅、国务院办公厅印发《关于加强科技伦理治理的意见》（下文简称《意见》），在《意见》的治理要求中，除"依法依规""开放合作"的常规要求之外，还有"伦理先行""立足国情""敏捷治理"等对于数字科技发展而言更具针对性的伦理指导意义和规约要求。

伦理先行强调加强源头治理，注重预防，将科技伦理要求贯穿科学研究、技术开发等科技活动全过程，促进科技活动与科技伦理协调发展、良性互动，实现负责任的创新。从科技活动的实践过程看，伦理先行意在把对科技活动安全与风险评估的程序前置，在科技创新活动前期进行伦理审查之类的伦理干预。新技术、新产品、新设施可能带来什么风险、对社会正义可能产生什么影响、是否存在伦理倾销（ethics dumping）或恶意利用的可能，等等，对这些伦理问题进行充分的审查和前瞻性讨论，可以避免技术先行路径可能带来的不可控风险、对社会正义的负面影响、鲁莽的科技行为以及科技被恶意利用的各类情形。从科技活动的价值引领来看，伦理先行的要求无疑把对科技向善的追求放到了极其重要的地位。在科技力量已壮大到成为能够影响人类日常生活各个领域的一个重要因素时，对科技活动发展确认和声明"善"的要求，既有助于减少科技活动行为失范带来的社会正义方面的负面影响，也有助于减少和避免"黑科技"带来的不可控制的安全隐患，是实现科技活动高质量发展的必要举措。具体到"数字鸿沟"问题，伦理先行要求数字科技开发企业从产品研发开始阶段就考虑数字能力弱势群体的使用能力，充分考虑社会人群在科技产品使用全过程中的权利、能力与尊严问题。

立足国情强调科技实践需要立足我国科技发展的历史阶段及社会文化特点，遵循科技创新规律，建立健全符合我国国情的科技伦理体系。就老年人"数字鸿沟"问题而言，与之密切相关的基本国情是目前我国人口结构形势严峻，老年人口规模庞大，老龄化进程明显加快。第七次全国人口普查结果显示，全国人口中，60岁及以上人口为264018766人，占总人口的18.70%，其中65岁及以上人口为190635280人，占总人口的13.50%。与第六次全国人口普查结果相比，60岁及以上人口的比重上升5.44个百分点，65岁及以上人口的比重上升4.63个百分点。[①]除老年人口基数庞大之外，老龄化进程也有明显加快的趋势。据人口统计专家分析，"自2000年步入老龄化社会以来的20年间，老年人口比例增长了8.4个百分点，其中，从2010年'六人普'到2020年第七次全国人口普查的10年间升高了5.4个百分点，后一个10年明显超过前一个10年，这主要与20世纪50年代第一次出生高峰所形成的人口队列相继进入老年期紧密相关。而在'十四五'时期，20世纪60年代第二次出生高峰所形成的更大规模人口队列则会相继跨入老年期，使得中国的人口老龄化水平从最近几年短暂的相对缓速的演进状态扭转至增长的'快车道'，老年人口年净增量几乎是由21世纪的最低值（2021年出现）直接冲上最高值（2023年出现）"[②]。由国家人口统计数据和相关分析可以看出，人口老龄化确实是我们当前面临的，也是今后较长时期的一个基本国情。科技发展应当立足这一基本国情，科技研发与应用的全过程都应当充分考虑人口结构因素，社会治理也应当采取积极的国家战略应对人口老龄化，

---

① 国家统计局：《第七次全国人口普查公报（第五号）——人口年龄构成情况》，2021年5月11日，http://www.stats.gov.cn/xxgk/sjfb/zxfb2020/202105/t20210511_1817200.html，2022—07—15。

② 翟振武：《新时代高质量发展的人口机遇和挑战——第七次全国人口普查主要数据公报解读》，《经济日报》2021年5月13日。

建设有利于老年群体和相关弱势群体的基础设施，在数字科技发展的进程中尽可能顾及老年群体的社会需求和基本权利。

敏捷治理（governance）要求加强科技伦理风险预警与跟踪研判，及时动态调整治理方式和伦理规范，快速、灵活应对科技创新带来的伦理挑战。敏捷治理的关键在于预判、调整和改进：一方面尽可能做到风险预警和控制风险，另一方面在出现问题之后要及时跟进处理。例如，疫情期间有些地区针对老年人使用健康码困难，采取了"反扫码"的应对方式，有效缓解了一部分老年人的实际困难，这便是敏捷治理的一种体现，这种敏捷治理的方式也值得宣传和推广，以推进更加优化的科技实践和社会治理。事实上，针对老年人的"数字鸿沟"问题，国家在总体政策方面也作出了敏捷治理的反应。2020年国务院办公厅就印发了《关于切实解决老年人运用智能技术困难实施方案的通知》。《通知》中清晰提到以下两点：其一，在各种日常生活场景中，必须保留老年人熟悉的传统服务方式，任何单位和个人不得以格式条款、通知、声明、告示等方式拒收现金，充分保障在运用智能技术方面遇到困难的老年人的基本需求。其二，逐步总结积累经验，不断提升智能化服务水平，完善服务保障措施，建立长效机制，有效解决老年人面临的"数字鸿沟"问题。当然，国家的治理愿望无疑是朝向实现人民美好生活的方向，特别关注到了老年人在科技时代的权利、能力与尊严等重要因素，然而问题在于现实层面政策的落实力度和惠及广度。值得注意的是，在疫情期间，无论是疾控部门出于对疫情的防控要求，还是政府其他部门在社会治理层面，对智能设备和数据信息的依赖和推广使用远远超过了对老年人数字能力和"数字人权"的关注与照护。

总而言之，科技活动及其相关的社会治理都需要充分考虑老年人以及相关弱势群体的权利、能力和尊严问题，考虑的出发点不是感恩共济，也不是同情怜悯，而是尊重，尊重人的基本权利。因为老年人也是人，其他弱势群体也是人，他们有参与社会活动的基本权利，比如坐车、买菜、挂号等等。这些基本权利看上去虽不起眼，却都是关乎他们能否生存下去，以及生存质量的大问题。习近平总书记在致信纪念《世界人权宣言》发表70周年座谈会时提出"人民幸福生活是最大的人权"，人民当然包括老年人在内。只有将老年人以及其他弱势群体都充分考虑在内的科学，才能称为符合人权发展需要的人类关系科学，才有全面实现人民幸福生活美好愿景的可能性。

自由阐述

边尚泽：首先我想分享自己的一个小经历。前几天去做核酸，因为手机没电出示不了身份码，不得不多等了十几分钟，最后借路人的充电宝给手机充上电才做了核酸。从某种角度上讲，我也被"数字鸿沟"阻拦过，体验过"数字鸿沟"带来的生活上的不便。从这件事情反思"数字鸿沟"问题，我们会发现它实际上是社会公共生活领域内的现实难题。"数字鸿沟"之所以会成为鸿沟，潜在的原因是它所影响的事情是人们不得不做的。例如，在疫情时期，人们用智能设备来完成核酸的信息采集，这样的确会提高社会运行的整体效率，但也必然要求所有参与这一社会公共活动的公民都需要掌握这项技能。我认为，依靠政府可以解决这一问题。回顾历史，我国为了应对文盲问题，推行义务教育来保证每个人都有识字的能力。国家可以推行一种公共社会模式来保证国民都拥有一些基本的技能，比如开设技能课程等。如果将人们对数字技能的掌握情况作为公共生活良好运行的基本前提，那么政府自然就有责任和义务让公民学习到这项技能，即便有一些人还是无法掌握这类技能，自然也可以通过设立相关机制来保障不掌握这类技能的人群也能够参与到公共生活中。我想这是社会进步和改变公共社会机制时都必须要注意到的一个问题。

侯效星：我认为，"数字鸿沟"这一话题关乎需求。时代在不断进步，它不会因为你自身条件滞后，就会停下来等你。想要跟得上数字时代，满足精神和生存需求，你就要主动学习，寻找途径适应社会的发展。而如果一味地把自己当成弱者，你就一直是个弱者。老年人虽然在年龄上有弱势，但是依然可以努力适应新事物的出现。另外，我们不仅要从制度层面消解"数字鸿沟"，而且要真正走入弱势群体的生活，了解其所需，提供技术帮扶，缩小"数字鸿沟"。具体来说，可以通过社区帮扶、技术简化、给老人报学习班等方式，帮助老人适应数字产品，从而适应时代的发展。但是由于老年人自身知识水平和学习能力的实际情况都不尽如人意，这种帮扶也许解决不了根本问题。因此，我们还要从老年人自身出发去解决问题，在我看来，对待数字产品的态度是关键。我们不应该把老人视为弱者，因为学无止境，也无关年龄，态度是关键。只要愿意学，一切都不是问题。综上，针对老年人的"数字鸿沟"问题，我们应该采取内外结合的办法。另外，随着国家教育水平的提高和科技的进步，这种因知识欠缺而产生的"数字鸿沟"问题会不会就逐渐消失了？

史文娟：我认为，"数字鸿沟"产生后，对于开发者而言，它在学习、技术与内容方面产生了重要的影响。就技术与内容方面，大家刚才的讨论都是围绕老年人适应扫码技术展开的，这其实是在让老年人适应数字时代。但是，当我们老去的时候，同样难以适应某些技术。改善"数字鸿沟"问题不应该是要求我们必须单向地去学习、适应新的产品，而是一个使用者和技术互相适应的过程。因此，我希望应用程序开发工程师能够开发一种老年人模式，这种模式不仅是字体的放大或是声音的加强，更是要聚焦老年人真正的需求。就学习方面而言，老年人的学习能力是被低估的。在现实生活中，我们会看到老年人刷抖音、跳广场舞等，那为什么我们要质疑他们学习操作智能手机的能力呢？我们认为他们对智能手机的学习能力较低，实际上这可能是因为他们对智能手机比较陌生，智能手机的用途已经超出他们的经验范围。以我爷爷的经历来说，我爷爷刚拿到智能手机时，也不太会用微信，本能地抗拒智能手机。我就把图标画下来，教他一步一步怎么操作微信。我当时只教给他如何用微信和支付宝来支付，但是后来发现，他在这个基础上又依靠自身能力学会了刷抖音、看视频，甚至还学会在微信上进行捐款。因此，我觉得，他们是因为缺乏这方面的经验，所以学习起来比较困难，也比较排斥，但是这并不代表他们的学习能力是较低的。

吕雯瑜："数字鸿沟"之所以会出现，通常情况下是由于老年群体缺乏融入数字社会的机会、能力和素养，在与现代科技的互动过程中处于弱势地位，具体表现为老年群体对于数字技术的"不能用""不会用""不敢用"和"不想用"。其一，囿于生理的局限，"不能用"。随着年龄不断增长，老年人身体的衰老和认知的退化是必然趋势。反应能力、记忆能力和协调能力等身体机能的下降，使得他们使用键盘、鼠标、触摸屏幕变得更加困难。其二，碍于能力上的短板，"不会用"。除了生理机能的退化，技能上的不足也会加重老年人数字学习的无力感和心理抗拒。面对不知为何物的新产品、不知道如何使用的新功能，他们难免会产生不自信的心理。其三，忧于环境中的风险，"不敢用"。除了生理和能力上的不足，网络环境中不安全、不稳定的因素也影响着老年人对于新技术的接纳。其四，囿于思想的桎梏，"不想用"。随着年龄的增长，部分老年人的思维方式、价值理念和生活模式已经定型，缺少融入数字世界的兴趣和动力。他们更倾向于沉浸在自己的空间，与技术世界进行"顽强斗争"，并在融入数字社会时表现得十分被动。我认为，只有加强对老年人的社会支持，才能使他们更加顺利地融入信息化的社会。例如，确定适当的养老金水平，加强网络规范和监管，加大对老年人信息技术教育的支持，完善社区助老上网的设施建设，发挥子女数字反哺的基础作用。

刘壮：约纳斯（Hans Jonas）在《技术、医学与伦理学：责任原理的实践》（*Technik，Medizin und Ethik — Zur Praxis des Prinzips Verantwortung*）一书中把技术分为两类，即传统技术和现代技术。他所说的伦理学的重要概念就是责任，所以他的伦理学也被称为责任伦理学。他认为在道德败坏的时代，责任伦理学是必不可少的。科技与人权的关系究竟是什么？我认为科技和人权呈现出双向发展的趋势。人类历史经历了蒸汽时代、电气时代和信息时代，科技也越来越成为主导时代发展和社会进步的力量。与此同时，人权也从政治范围扩展到经济范围，再由发展权利迈向数字人权。我们不难发现，人权的内涵也在人们认知和实践过程中得以持续深化。在两者竞相发展之际，我们不能苛求科技和人权能够完美地同步发展，但至少可以从"减法"和"加法"两个维度分别确立"避免走向科技统治人、支配人"的底线和"科技服务于人"的最高目标。唯有从预防和进步两条进路出发，才能动态把握科技与人权之间的关系。

盛丹丹：在科技为第一生产力的时代，社会不断被科技裹挟加速，以至于逐渐离心，"人"这一核心逐渐被甩脱抽离出去。人不仅是科学技术应用的主体，而且也是推动科学技术进步的主导力量之一，对人类历史产生着巨大影响。然而，随着时代变迁，"人"在科技面前显得越来越脆弱。科技是人类创造出来的，但是随着科技的发展，科技逐渐摆脱了人的控制，成为一种独立于人的力量。在人与人的交往中，科学技术把人异化为科技的产物，人被科技支配，人的本质被科技从主体中剥离出来。人对科技的依赖越强，科技对人的创造力的弱化程度就越强。科技的渗透让人在娱乐至死的环境中不断沉沦，在市场经济的消费和攀比中丧失个性。当科技阻碍了人的正当权利的行使时，科技便走向人的对立面，并带来了现实问题。科学技术在为人们提供便利服务的同时，也给人们带来严重的生存危机。科技在不断地创新和发展，渗透到我们生活的各个方面，人们的生活方式也在不知不觉中发生变化。随着现代科技的进步，这种对人的隐蔽性影响会越来越明显。因此，我们必须对科技的负面影响进行深刻反思，寻找根治科技顽疾的对症之药。这也正说明人创造的科技并不完满，唯一能弥补缺陷的也只有"人"。

陆玲：时至今日，数字技术已经高度渗入人们的生活、工作、交往和娱乐，深刻影响着人权的广度、深度、高度。面对日益专业化的数字化技术，人类的生活品质得到了前所未有的提升，人权也被赋予了数字属性。尊重和保障数字化时代的权利，既包括对公民数字化生活中隐私权、数据权、表达权、人格尊严权等权利的尊重与保护，同样也包括对弱势群体面临"数字鸿沟"问题时权利的维护。发展科技的同时更需要照顾弱势群体，这并不仅仅是因为同情或怜悯，而是为了尊重他们生而为人的基本权利。

冒絮：新冠肺炎疫情的肆虐，使得老年人这个群体被卷入网络的洪流之中，许多老年人被贴上"数字弱势群体"的标签。在面对数字化带来的日新月异的变化时，我们总是从直觉上认为老年人好像就是不行。现在的"00后"，自出生起就生活在网络时代，在他们的认知和生活中，互联网从来就不是作为新兴的事物而存在，他们是与科技共生、一起发展的。而老年人却不同，他们经历了科学技术的大变革，经历了从无到有的质变阶段，所以拥抱数字化，意味着要颠覆以往的生活模式来重构经验世界。显然，这两类人在面对数字化和适应数字化时，所付出的努力程度不是同等量级的。我认为，我们不应该不加思考地将这类客观因素归结于老年人的能力问题。很多时候，老年人的学习能力是被低估的。他们在面对新事物时，往往一开始也是饱含好奇与热情的，但可能出于技术困难、心理畏惧等种种原因止步不前。这个时候，如果能够给老年人悉心的教导和社会的大力帮助，这一步是能够跨过去的。因此，我想在逐步弥合老年人数字鸿沟的过程中，一方面应当尽力为老年人提供学习的渠道和帮助，对他们进行鼓励，另一方面也应该给他们学习和掌握技能的时间。子女在老人彷徨和焦虑时也应该给予其安慰，在家庭生活中帮助和引导老人，形成对老年人的数字反哺。当然，老年人自己也应当克服畏难心理，积极主动地拥抱数字时代。

陈静怡：彼得·科斯洛夫斯基（Peter Koslowski）在《伦理经济学原理》（*Prinzipien der ethischen okonomie*）一书中提到："推动人类行动的动力有两种，一种是最强的动力，一种是最好的动力。"[①]在他看来，最强的动力和最好的动力处在一定的相互关系中，而且最强的动力通常不是最好的，而最好的动力往往不强。在我们讨论的话题中，最强的动力可以理解为科技，而最好的动力可以理解成一种具有道德属性的人权。我认为科技进步首先一定是作为一种福音而存在的，但是能不能掌握或者在何种程度上掌握这种福音，并不能作为评价一个人是否"高级"的标准。我们也不能以大多数人都会使用智能手机为由，去剥夺另外一部分不使用智能手机的人的基本权利，一些最低限度的人权必须得到共同的、一致的拥护。虽然老年人在使用科技产物时可能会产生抵触情绪，他们对新兴设备的接触很晚并且训练严重不足，与很多年轻人能够游刃有余地使用各类设备相比，老年人往往显得手足无措，但是，我认为老年人仍然具有很强的学习能力，他们只是缺少一个能够细心、耐心教会他们使用智能手机的人。在一定意义上讲，老年人只要肯主动学习，就可以获得知识、信息和技术。因此，老年人的"数字鸿沟"不仅是一个伦理视角的理论问题，更是一个现存的社会问题。我们需要以一种

---

① ［德］彼得·科斯洛夫斯基：《伦理经济学原理》，孙瑜译，北京：中国社会科学出版社1997年版，第12页。

关怀伦理的角度思考问题，并为之提供一些可行的解决方案。

范向前：为什么当今社会把科技置于过高的地位，甚至产生科技崇拜的局面？在古代社会，科学技术被认作奇淫巧技，它只是一种工具性的东西。在中国古代，科技没有得到重视，西方也如此。柏拉图把工人、劳动者、技术者都安置在第三等级。而亚里士多德同柏拉图一样，把技艺看作低层次的活动。据我了解，科技地位得以提升是从培根开始的。培根认为知识就是力量，这种力量就是改造世界和征服自然的力量。随着科学技术的发展，时代开始以工业革命为坐标，以蒸汽时代、电气时代和信息时代为定位。我觉得，这显然过于拔高科技的地位，因为从历史的角度来看，科技只是人生活的一个方面。另外，当我们打开手机时，各种广告铺天盖地般地向我们袭来。显然，这是资本在为科技造势，科技成为一种衡量标准。资本把科技推向一个崇高的地位，以科技来衡量这个世界。随之而来的是，媒体的宣传以及粉丝的盲目崇拜使科技成为一种神话。如果科技和人权发生冲突，以科技的运行模式来看，科技显然要践踏人权。但如果我们从伦理学应当的立场出发，科技显然应该为人权让路，因为科技的发展就是为了人的发展。因此，在我看来，我们应当以一种恰当的方式来看待科技在我们生活中的作用，并且应该掌握好科技发展的目的。只有这样，科技才能回归生活本身，进而产生美好的生活。

赵子涵：关于科学技术与人权的关系，我认为应该从两个方面去认识：第一，享用科技活动成果是每一个人不可剥夺的权利；第二，科学技术是实现人权的一种工具，能够促进、尊重和保护人权。我们通常讲伦理先行，科技向善。科学技术的发展使解决某些与人权有关的问题成为可能，如清洁饮用水、提高医疗服务水平等。同时，随着生物技术、基因技术等高新技术的兴起，科学技术亦有利于改善人类的生命权和健康权，从而更好地保障人权。当然，科技的发展亦会带来新的问题与挑战。从某种角度来说，老年人的"数字鸿沟"问题不是

171

因为科技发展得太过迅猛，而是科技发展不完善和不充分的表现。试想一下，如果老年人可以用智慧语音助手直接操控智能手机，从而调出健康码，也许就不会出现太多的科技障碍问题，也不会遭遇科技隐蔽性排外。我们也可以通过提高人工智能技术来指导年长者学习新科技，以减少遭遇科技隐蔽性排外的可能性。总之，科技与人权本质上都是为了自由，都是为了人类能够更好地追求美好与幸福的生活，它们相互联系、相互推动。一方面，科学技术是推动人权发展的巨大力量，应当更好地为人类服务；另一方面，人权是调整科学技术和法律规范的核心，也是科学技术发展的哲学反思。

主持人 总结点评

今天的主题很有时代感，我认为需要特别注意主题中"科技时代""老年人"和"数字鸿沟"这三个关键词。

首先，我们要认识到，科技时代是当前应用伦理学前沿问题的时代背景。万俊人老师曾把《英国工人阶级状况》这本书推荐给我们乡村伦理研究课题组所有同志们去阅读，为什么他要推荐这本书？这本书其实始终在提醒我们，如果仅仅观察社会表面上呈现出来的道德状况，那我们将永远没有办法真正理解它。恩格斯说，要从英国工人阶级当时生活的社会经济状况中去寻求解释它的道德状况的重要依据。同样，今天我们谈的科技时代，只是恩格斯所说那个时代的一种发展变化。大家如果看《资本论》，就知道马克思说过，"随着科学技术的发展，人们力图通过增加使用时间、减少原材的耗费等方式，把所使用的不变资本减少到最低限度"[①]。其实这就是对今天科

---

① ［德］卡尔·马克思：《资本论》，何小禾译，重庆：重庆出版社2014年版，第269页。

技时代的一种展望，马克思曾预言过，但是他没有见到。在马克思恩格斯所处的时代，科技没有像今天这样日新月异。在那个时代，工人干不过机器，但是我们今天这个科技时代，其实是人和科技互动的过程。现在我们经常问一个问题：到底是人创造了更高的科技，还是更高的科技已经替代了人？其实谁都没有办法给这个问题特别精确的回答，很多人倾向于一种回答：是人不断的创造性劳动在创造科技时代。

那么，科技和伦理之间的关系是什么呢？有一种说法认为是类似于刹车和油门的关系，科技是油门，伦理是刹车。其实我不是特别赞成这个观点，在我看来，科技可以被比喻成什么？不是油门，而是油，或者是电车的电，它是一个动力。但是你要踩油门的时候，油门就是伦理。我个人认为，伦理既是油门也是刹车。刚才陈静怡用了两个词，"最好的动力"和"最强的动力"。最好的动力就是伦理动力，最强的动力是经济动力。在科技时代，我们要处理好"最好动力"与"最强动力"之间的关系，科技的发展有其边界和需要遵守的道德底线，要运用符合社会发展的伦理观念和道德规范引导其发展。

其次，关于"老年人"，就不同的时代而言，老年人或长者所得到的道德尊重、道德评价或者道德权威的力量是不一样的。我因为从事乡村伦理研究，对传统乡土社会的情况了解多一些。在传统的乡土社会中，长者、老年人不仅得到尊重，更是一个被绝对服从的对象。在家里，孩子服从于父亲，父亲服从于祖父，下一辈永远对上一辈是服从的，为什么？因为权威力量。传统乡土社会的变迁非常慢，所有的孩子都可以从父辈那里习得他的经验性认识，所以父辈在家中就有一种权威的力量，那时候父辈的这种道德权威的力量是非常强的。但是，进入信息时代后，父辈、长者不再是后辈获取知识和经验的唯一通道，在掌握数字化工具的能力上甚至弱于后辈，因而他的权威性也随之下降。

在今天这个时代，从孩子能够接触到一些信息开始，父辈就不再是孩子获得经验的唯一通道，也不再是获得知识和道德评价的唯一通道。这个时候晚辈会发现，当他掌握了一些手段之后，长辈们在他生活中、学习中、道德的认知中，发挥的作用都越来越少。特别是20世纪90年代之后出生的人，他们有更多的信息渠道，尤其是电子化的信息渠道，当各种现代化的信息渠道越来越快捷地给他们答案的时候，长辈、长者、老年人在他们心目当中的权威力量已经大幅度下降。在一次伦理学会议中，一位参会老师讲了一个特别生动的例子：今天的孩子会讲一句过去的孩子不会讲的话，"妈妈，你不懂"。我们仔细思考一下，孩子说得很对，现在有些事情父母确实没有孩子懂得多。因此这个时候，长者在年轻人心目中的权威力量是会下降的。他自然认为你的学习能力比他低，你的信息接受能力比他低。这也造成了刚才你们所说的，有时候我们在理解长者的学习能力的时候，天然认为他们不行，这是为什么呢？是因为在很多事情上年轻人确实学得快，尤其是电子产品。科技时代的生产方式、生活方式、交往方式都发生了变化，老年人一定程度上在这些方面弱于数字时代的原住民。这也要求长辈、老年人进一步提升适应科技时代生产方式、生活方式和交往方式的能力。

最后还有一个问题，我们是不是可以称这种现象为"数字鸿沟"？我为什么对"鸿沟"这么敏感呢？"鸿沟"是什么意思？"鸿沟"是自己无法跨越的，一定得靠别人帮忙给自己铺个桥。我觉得目前的状态应该还没有到"鸿沟"这种无法跨越的地步。在我看来，用"数字障碍"来表达可能更合适，"鸿沟"有点夸大了长者、老年人所遇到的数字障碍。为什么说它夸大了？首先，我们低估了老年人的学习能力，夸大了他不能学习的能力。当年轻人无数次说，这个你不懂，这个你不行，他就真的认为自己不行。但是事实上，在数字时代，最低能的人不一定是老年人，而是那些原来不需要自己操作智能技术的人。我认识的一个老朋友跟我讲过一句话："自从退休以后，我的数字生存能力大幅度提高了，我居然会坐地铁了。"为什么？因为他原来有专车，他不用坐地铁，不需要用手机查公交。如果一个人没有机会去学习和尝试这些东西，他一定在这个方面是差的。这种不学习的原因可能是他的事情被别人包办了，也有可能是他的年龄。他的年龄是什么问题呢？是你认为他做不了，他自己也觉得自己做不了。因此在数字时代，老年人的问题也不完全是老年人的问题，而是社会如何把数字时代的很多技能通过一定的方式传达给老年人的问题。人第一次面对新事物总是会排斥的，这个其实不是数字时代的问题，而是对陌生事物的恐惧阻碍了学习的兴趣。这个时候如果有人鼓励他，他就可能前进一步；而如果有人打击他，他就会后退一步；如果有人包办，他就彻底不会。因此，并不是说我们一定要彻底消灭障碍，而是可以将障碍变成可以跨过的障碍。我们也要理解老年人，他们不一定处在完全不能改变的状态，有很多老年人对数字产品的学习和掌握能力也挺强的，也很能适应现在的各种数码产品，不能一概而论地否定所有老年人的数字能力。

再回到科技时代的问题上来，我们如何看待老年人的"数字鸿沟"或者"数字障碍"问题，其实就是我们如何看待科技时代的发展问题。它一方面对我们追求美好生活有激励作用，另一方面又会带来一些问题。从一般意义上来讲，这个问题会显得很空泛，但当我们考虑科技和伦理关系问题的时候，我们会发现任何一个时代都需要寻找推动社会发展的强大动力，但是任何一种单向的动力都一定是有缺陷的，"最好的动力"和"最强的动力"不能顾此失彼。

第九期　空间伦理

——从消费文化建筑说起[*]

主持人/评议人：王露璐
与谈人：吕雯瑜、陈佳庆、范向前、陆玲、刘壮、
潘逸、盛丹丹、张晨、边尚泽

案例引入

今天是6月14日，再过4天正好是"618"——购物狂欢节。"618"本没有任何传统节日意义，但如今以传统或非传统节日为由头组织的"购物狂欢节"已形成了惯习并构建出了类似传统文化的氛围。它们构建的"线上＋线下"消费文化空间充斥着我们的日常。"消费文化建筑"正是消费文化空间的物化表达，诸如大卖场、超市、商场等商业综合体，其传达的终极意义就是——买买买。实际上，这正是消费文化建筑通过建筑外观与内部构造传达出来的空间意义。消费文化建筑指的是将日常生活中的消费观念、消费行为与消费环境以特定的空间外在形态显现出来的单个建筑或者建筑群。消费空间可以利用空间的多维特性来放大和挖掘消费者的需求（或者说欲望），使消费者获得某种价值，从而达到售卖更多商品赚取更多利润的目的。而消费者在消费过程中也拥有极强的获得感，即消费的自由，虽然这个自由是被格式化了的自由，但人们身处其中，不会意识到自己受到了消费文化建筑的潜

[*]　本文由南京师范大学公共管理学院硕士生范向前根据录音整理并经主讲人曹琳琳审定。

移默化的规训。对此，我们不禁思考，消费文化建筑如何通过空间设计来赢得消费者青睐？资本在空间生产中起到了什么作用？我们为何会受到消费文化建筑的规训呢？

主讲人　深入剖析

消费文化建筑具有一定特性。从内在构造来看：首先，空间与空间之间具有刺激消费的关联性。例如，旅游景区总会将特产摆放在出口位置，以促使人们消费。其次，空间的构建往往通过预设人们的购物行进路线进行精心布局。例如，商城通过对过道进行精心设计，来增加人们的购买率。最后，空间购物信息的输入采取多重途径。例如，有些国家火车上的广告信息是通过手触碰窗户所产生的震动输入，地铁窗外的广告内容是借助列车的快速移动得以展现。可以说，消费空间通过巧妙的设计无孔不入地入侵甚至占用了人的所有日常空间。从内部构造来看，消费建筑拓展了人的五感，从而影响人们的需求。以商品营销为例，通过商家对产品的营销，人们知道了其背后的故事，从而满足自身的某种情感价值。例如，在营销时，有一种口红颜色被称作"斩男色"，这就包含一种意识形态，蕴含着人们的价值诉求。与此同时，消费文化建筑还具有杂糅性、浅层次性和非历史性的特征。首先，杂糅性。杂糅体现在不同文化的杂糅，也体现在不同时空的杂糅。比如，大街上随处可见的肯德基和麦当劳，融合了中西不同的文化。被杂糅的信息往往具有碎片化特点，呈现出相似性，相似就易于复制。其次，浅层次性。比如，具有设计感的古风服装因为增加了汉服的元素而深受人们喜欢。而真正的汉服实际很难卖出去，因为它袖口长，不适合人们日常穿着。只有经过改良，它才易于销售。再比如，中国文化很难被外国人理解，但是中国功夫深受外国人推崇，这是因为中国功夫他们能看懂。换句话说，消费文化之所以能够很快被传播，是因为它并不深奥，浅显易懂，因此也易于传播和融合。最后，非历史性。我们总是强调要传播中国文化，讲好中国故事，电影《哪吒之魔童降世》就是对中国传统文化的应用与传播。但是，它在我们国家的票房很高，在国外却很低，其原因和文化有很大关联。消费文化一定要具备非历史性特点，才能够在离开所属的历史文化背景后，仍然容易被人们理解并广泛接受。值得注意的是，消费文化建筑均具有刺激消费的最终目标指向性。它们通过构建出的绚丽多姿的迷幻空间，让消费者迷失并对其进行规训。规训的方式包括两种：有形的消费建筑和无形的由音乐、广告语等输出的消费文化理念。这些消费文化理念往往会与消费者的品位、智商、身份挂钩，从而让消费者错认为只需要通过消费就能获得自我价值的实现。因此，消费者购买的是产品背后被赋予的符号或者价值。在现实生活当中，人们要达到目标或者获得地位，必须经过不懈的努力，但是在消费文化二度构建出来的社会中，人们只需要通过消费就能获得新的社会认同和社会身份，体会到一种从属于消费空间的"消费自由"。消费文化建筑本质上就是资本空间。在阐述资本空间的概念前，我们先谈谈空间的概念。空间到底是什么？简单说来，空间可分为两种：自然的物质空间和人文的社会空间。前者的代表观点有：亚里士多德的有限空间、牛顿力学的绝对空间、康德的纯直观形式空间。自然的物质空间观认为，空间是拥有既定长宽高的物理存在、背景、场所等物质实体存在的容器。后者的代表观点有：马丁·海德格尔（Martin Heidegger）的身体空间、恩斯特·卡西尔（Ernst Cassirer）的符号空间、比尔·希利尔（Bill Hillier）的空间句法（Space Syntax）。身体空间观将空间视为人的生存场所，认为空间是人本质力量的外在体现；符号（文化）空间观认为空间非"空间实在"而是"空间经验"，即人类在不同阶段的认识范围；空间句法认为空间不是社会经济活动的被动容器，而是社会经济活动开展的一部分。综上，在物理学里，空间无法脱离物质的动态而被界定；在社会理论里，空间不能不参照社会实践而加以定义。可见，纯粹物质的空间不存在，真正存在的是与特定社会关系及实践过程相关的现实空间，即社会空间。

空间问题的实质，在于运用新的问题框架从微观角度重新审视历史事件和日常生活内容。社会空间的问题框架可分为以下六种：1.绝对空间，即自然；2.神圣空间，即城邦、暴君与神圣国王、古埃及王朝；3.历史性空间，即政治国家、希腊城邦、罗马帝国、可透视空间；4.抽象空间，即资本主义、财产等包含特定社会关系的政治经济空间；5.矛盾的空间，即当代全球化资本与地方性的对立；6.差异性空间，即未来可体现差异与新鲜体验的空间。

资本空间的问题框架正是在"抽象空间"和"矛盾的空间"中，而"差异性空间"正是探讨"资本空间的伦理"（资本空间之应然）之意义所在。对资本空间一词的理解可借鉴列斐伏尔（Henri Lefebvre）对资本主义的空间面貌的描述："资本主义的'三位一体'在空间中得以确立——即土地—劳动力—资本的三位一体不再是抽象的，三者只有在同样是三位一体的空间中才能够结合起来：首先，这种空间是全球性的……其次，这种空间是割裂的、分离的、不连续的，包容了特定性、局部性和区域性，以便能够驾驭它们，使它们相互间能够讨价还价；最后，这种空间是等级化的，从最卑贱者到最高贵者、从马前卒到统治者。"[1]也就是说，由于空间结构也是一种权力结构，资本空间的生产表达是权力关系结构的再生产。资本空间一方面蕴含着权力关系，另一方面利用权力关系操控空间以达到无限增殖的目的。因而，资本空间是资本、权力与空间三者有机结合的产物。资本空间可以借助

---

[1]　Henri Lefebvre, *The Production of Space*, translated by Donald Nicholson-Smith, Oxford: Blackwell, 1991, p. 282.

空间结构的持续运作使资本抽象的指令达到支配空间行为主体，最终完成空间生产无限增殖的目的。可见，资本空间的生产目的是资本而非人，是将所有可能涉及的空间资源纳入资本循环中，以谋求增殖。

那么为何我们最终会受到资本空间的规训呢？究其本因，在于空间结构反映了权力结构，权力可以利用空间达到规训人、改造人的目的，这就是空间权力。正如米歇尔·福柯在《规训与惩罚》（*Surveiller et punir*）中所言："一个建筑物应该能改造人：对居住者发生作用，有助于控制他们的行为，便于对他们恰当地发挥权力的影响，有助于了解他们，改变他们。"[①]比如监狱、学校、疯人院、医院、工厂、商场等公共场所，鲜明的隔离，妥善安排的门、窗和出口等共同营造出边沁（Jeremy Bentham）提出的全景敞视建筑（panopticon）的构架。值得注意的是，在福柯看来，权力不是仅有负面作用和压迫作用，它还有积极正向的引导作用，能够把人的潜力激发出来。因此，空间结构能够反映空间权力。然而，纵观中观空间（城市空间）与宏观空间（全球空间），它们也均呈现出"核心—边缘"的空间模式，这可以看作全景敞视空间的延伸。全景敞视空间的主要功能是监视人、控制人。瞭望塔作为全景敞视建筑的核心是开放的、自由的空间，是周围信息的汇聚地；而边缘环形建筑是封闭的、被割裂的空间，处处受到监视，纵向的墙壁阻断了人与人之间的信息交流，被监视的人只享有极其有限的自由。由全景敞视建筑的构造可以看出，其构架蕴含着权力结构：处于核心位置的人对边缘的人们享有监视权和控制权，边缘空间的人们任何微小的活动都受到监视。权力通过空间持续运作着，形成一种连续的等级体制，直到边缘位置的人自己成为自己的监视者。如同福柯所言，"一种虚构的关系自动

---

① ［法］米歇尔·福柯：《规训与惩罚：监狱的诞生》，刘北成、杨远婴译，北京：生活·读书·新知三联书店2007年版，第195页。

地产生出一种真实的征服"①。资本空间正是利用这种隐藏在空间中的"微权力"造就了井然的秩序，这种权力就是空间权力。在我们的日常生活中，空间权力无处不在，监控、关卡、警卫、警犬、铁丝网等都彰显着权力。再比如，北京天安门以及一些城市政府大楼的空间设置使人们需要仰望；教室的空间设计使站在讲台上的老师能够看清讲台下的所有学生；疫情期间的扫码也是通过透露隐私展现一种上下级的空间权力。与全景敞视空间一样，福柯的层级监视空间也同样涉及微观建筑空间。而在当代社会，这种层级监视空间运用的范围极广，其隐匿性、普遍性已不可同日而语。层级监视空间构建出了一张"天眼"式的监督网络。日常生活中，商场、银行、交叉路口、街道等公共空间的监控探头已随处可见，地铁口、火车站、飞机场的安检措施也让人们习以为常。

因此，如何在运用"空间权力"维护社会秩序的同时保障广大群众的"空间权利"，是一个值得深究的话题。空间权利本质是能够公平获得空间资源及其分配的权利。该权利的合理维护往往体现在区域与区域间对合理空间权利的诉求，其权力与权利分配的公正与否往往以"空间正义"进行衡量。例如，乡村与城市间医疗、教育和公共设施等公共空间资源分配是否正义，发展中国家与发达国家国际区域分工是否正义等问题。与此同时，空间权力不仅可以利用空间造就空间隔绝或分异，还能保护弱势群体的空间权利不受侵害。例如，在公共交通上设置老弱病残孕专座，在商场设置母婴室，在人行道边上设置盲道等等，无不彰显着对特殊群体的人文关怀。人生而有生命权，这个权利不是处于静态中，而是处于动态中，即其存在需要我们在动态中加以维护，而这种动态维护往往也展现在对空间的设置层面上。因

---

① ［法］米歇尔·福柯：《规训与惩罚：监狱的诞生》，刘北成、杨远婴译，北京：生活·读书·新知三联书店2007年版，第227页。

而，通过合理的空间完善有时可以达到权利保障的目的。

空间权力存在于"场"，这里的"场"指的是"场域"。场域指特定系统中的常态性规则（或称"惯习"）。该概念最初由社会学家布迪厄（Pierre Bourdieu）在《实践与反思》（*An Invitation to Reflexive Sociology*）一书中提出，他认为"场域是诸种客观力量被调整定型的一个体系（其方式很像磁场），是某种被赋予了特定引力的关系构型，这种引力被强加在所有进入该场域的客体和行动者身上"[①]。譬如村落是一种社区性质的场域。在村落中，村民构建了"熟人圈"的场域，达成习惯性共识，并将该共识作为村规民约教给下一代。常态化运作机制逐渐形成并独立于村民存在，直至成为外化于村民的强制力量，强加在场域原住民或者迁入的外来者身上，这就是乡村社会礼治教化权力的运作机制。由于"场"依靠关系来确定，因而空间与关系相互作用会催生出新型的"场"，使得空间权力、区域道德等空间伦理秩序能够普遍存在，并能在使用过程中不断壮大，持续对场域中的受众发挥作用。从这个角度讲，城乡空间当中的伦理问题或者正义问题值得我们探索，因为乡村道德也存在于一定场域当中，处于不同场域的村落有着不同的乡村道德。

这里还有一个问题，即空间生产的问题。空间生产的概念是最近才出现的，主要表现在具有一定历史性的城市的急速扩张、社会的普遍都市化以及空间性组织的问题等方面。当前，对生产的分析显示，我们已经由空间中的生产（production in space）转向空间本身的生产（production of space）。空间生产指空间作为生产的容器与躯壳，或者空间作为新的产品被生产出来，社会空间的生产指生产新的社会关系。空间不再仅仅是个容纳生产对象的容器，而是生产对象本身，这意味着从生产活动的结果回到生产活动本身。如

---

① ［法］皮埃尔·布迪厄、［美］华康德：《实践与反思——反思社会学导引》，李猛、李康译，北京：中央编译出版社1998年版，第17页。

此一来，空间生产从"空间中的生产"走向"空间本身的生产"，具体体现为：第一，空间的生产力角色。例如交通的便捷大大提升了运输速度，增加了生产效率，从而相当于增加了生产力。第二，空间作为单一特征的产品。土地空间关系内含财产关系，在土地上以居住为目的建造的房屋就是住宅的社会空间。第三，空间作为展示政治意识形态的工具。比如天安门广场的空间，天安门建筑高大，人们穿行于恢宏的广场之上只能仰望城楼，这彰显了国家权力的神圣。第四，空间能够巩固生产关系和财产关系的再生产。在工厂的工作空间中，工人的工作环境统一而单调。第五，空间相当于一整套制度方面和意识形态的上层建筑。工人只有车间，而主管或者总经理等领导却可以拥有办公室——空间的位置和大小彰显着权力的地位。

那么资本空间到底如何界定？本人在论著《资本空间的伦理研究》一书中指出，资本空间是以无限增殖为目的的权力关系空间。这种空间会将所有看似符合人需求的日常生活资源、物质资料、历史文化甚至伦理道德都纳入其中，作为其达成无限增殖目的的工具。换言之，资本空间构建了一个新的异质社会，与人们的真实社会并存。在这个异质社会中，对于人的评价尺度已经从多维道德视角转变为一维的商品价格视角。这种简单粗暴的标准如今越来越多地出现在我们社会的每一个角落，并且人们即便意识到这种评判标准有问题，也难以脱离这个标准，因为我们都生活在空间资本化的时代。

资本空间概念的提出源于马克思对于商品拜物教和资本流通过程中针对"空间"的论述。马克思描述商品拜物教时，指出商品形式的奥妙在于："商品形式在人们面前把人们本身劳动的社会性质反映成劳动产品本身的物的性质，反映成这些物的天然的社会属性，从而把生产者同总劳动的社会关系反映成存在于生产者之外的物与物之间的社会关系。"[①]换言之，商品构

---

① 《马克思恩格斯文集》第5卷，中共中央马克思恩格斯列宁斯大林著作编译局编译，北京：人民出版社2009年版，第89页。

建出的商品社会过于庞大，拥有着超过消费者的实体力量，它们用物与物的关系掩盖了人与人的关系，人的价值的实现甚至包括人的自由只有通过物的渠道才能表达和获得。由于资本发挥作用必须借助于物质实体，因此资本在扩张过程中势必造就资本的空间积累过程。马克思在商品拜物教的论述中并没有直接提及"空间"一词，而是在《1857—1858年经济学手稿》（《资本论》的第一手稿）中提出了"力求用时间去更多地消灭空间"。他详细地论证了这个过程："流通时间表现为劳动生产率的限制＝必要劳动时间的增加＝剩余劳动时间的减少＝剩余价值的减少＝资本价值自行增殖过程的阻碍或限制。因此，资本一方面要力求摧毁交往即交换的一切地方限制，征服整个地球作为它的市场，另一方面，它又力求用时间去消灭空间，就是说，把商品从一个地方转移到另一个地方所花费的时间缩减到最低限度。资本越发展，从而资本借以流通的市场，构成资本流通空间道路的市场越扩大，资本同时也就越是力求在空间上更加扩大市场，力求用时间去更多地消灭空间。"①在外在科技条件完备的情况下，尤其在信息化时代，这种资本空间的生产、流通甚至能够完全无视地理环境的制约，达到"时空压缩"，使流通时间无限趋近于零，给人造成一旦交易成功便能获得，不需要真实物质交换的错觉。因此，为了"力求用时间去更多地消灭空间"，以最大限度地减少商品流通时间从而增加资本的增值速度，消费必须"高度集中"，而商品要素集中的大型商业综合体也就应运而生了。因此消费文化建筑是资本空间的物质化表达，是以无限增殖为目的的资本关系空间。一方面，空间的高度压缩使得生产可以在世界各地进行，消费者与消费品之间的空间距离大大缩短了。在宏观层面，城市化在世界各地如火如荼地推进；在中观层面，巨型城市成为国家的真正发展引擎，成为文化与政治教育的中心；在微观层面，

① 《马克思恩格斯全集》第30卷，中共中央马克思恩格斯列宁斯大林著作编译局编译，北京：人民出版社1997年版，第538页。

大型超级市场占地越来越大，内容越来越丰富多彩、无奇不有，这样的商业综合体日益成为人们日常的城市经验。另一方面，消费集中的关键在于包括公共教育、卫生等在内的集体消费。这样的集体消费大多高度集中于大型城市这样的高效能空间，其中的文化和历史的积淀、信息交流的效能、集体消费的质量都是乡村等分散空间无法比拟的。

此外，资本空间还充分利用空间结构在实行资本扩张的同时转移生产过剩的危机。针对城市空间的资本积累的方式，哈维（David Harvey）借用了列斐伏尔资本循环的理论，提出资本的三循环理论。该理论的实质是资本过度积累的情况下缓解矛盾的方式，即"时间—空间修复"。第一循环指工业生产资本的循环（普通商品生产），第二循环指城市的固定资本循环（如土地、道路、建筑物），第三循环指科研研发资本和劳动力再生产过程的各项社会开支的循环（包括科学、技术、教育、卫生、意识形态教化和军队等）。第一循环主要指向马克思的传统工业资本的循环，通过减少成本，提高生产效率加快资本周转，获得资本积累和资本利润。在过度积累的情况下，工业资本就会溢出流向第二循环，即通过固定资本投资（城市基础设施建设）或信贷等把过度积累的资本在周转时间上延长，通过不平衡发展和有差异的资本周转等来实现"时间修复"——以空间换取时间。例如，我们国家倡议"一带一路"的重要原因之一是国内产能过剩，尤其高温混凝土的产能无法完全消耗掉，通过"一带一路"能够实现高温混凝土产能的空间转移。但当基础设施的周转也无法满足资本利润率时，这部分资本就会再次溢出回流到第一循环，或者在国家干预下流向第三循环。因此，第三循环的作用在于查漏补缺，其着眼点在于整体资本的长远效益，而不是实现个别资本的效益，这部分往往是在国家的干预下来实现的（有点类似于曼纽尔·卡斯特［Manuel Castells］的集体消费，将在下面具体论述）。第三循环的对象已经不是个人或者企业，而是国家，例如国家将钱用于教育或者医疗建设。

可见，在资本过度积累的情况下，资本的三种循环通过时空转换，以空间换取时间，缓和了资本矛盾。此时的物质资料生产已经从空间中的生产转向空间本身的生产了。空间已经不再是一个背景或容器，而是成为生产的主体，以空间上并存和时间上继起的模式助推生产获得几何级倍数的长效增长。消费文化建筑中的商业综合体正是这种模式的产物。

目前我们正沉浸在消费文化建筑、市场经济秩序、提前消费观等共同构建出的消费文化氛围中。这种扩大内需、拉动群体进行消费、促进经济循环的做法不仅仅是企业家的行为，在后疫情时代全球经济疲软的今天，更是一种国家行为。可以说，消费文化的合理导向是国家城市发展的核心要务。曼纽尔·卡斯特将国家用于"教育、文化、社会福利、交通、住房和城市化"等方面的非营利性支出称为集体消费方式，或称"消费的集体方式"。该方式大致可划分为两大部分：国家机构本身的支出（行政、国防等）和教育、社会福利等公共消费开支。在卡斯特看来，只有给工人持续供应食品、住房和交通工具，并且通过教育机构培训工人，才能保证劳动力的持续提供，并且由于人口日益集中，这些公共消费项目只有在城市环境中才能得到保障。换言之，只有当基础公共服务得到保障，才能保证整个城市系统的正常运行。对私人来说，这种集体消费是无利可图的，只能由国家来提供。因此，集体消费说到底是一种国家对经济的恰当干预。如同卡斯特所言："对那些（从资本的角度来看）利润少，而正常经济运作必须的，同时又能缓和社会矛盾的部门和服务，实行国家干预就显得很有必要。"[①]当然，卡斯特提出"集体消费"概念主要是针对当代发达资本主义社会。集体消费只是对私人资本进行查漏补缺，对垄断资本进行及时干预，缓和了资本循环的整体矛盾，但它并没能缓和社会阶层差异，反而在一定程度上加重了不平等程度。

---

① ［美］曼纽尔·卡斯特：《发达资本主义的集体消费与城市矛盾》，姜珊译，《国外城市规划》2006年第5期。

其原因在于发达资本主义社会公共物品和服务的"使用"结构就已经存在差异。固有收入不平等决定了个人所能获得的公共服务的水平与方式，从住房环境和工作时间到教育、医疗和文化硬件设施水平等均会产生新的社会分化。长此以往，集体消费的公共服务部门也会依据社会层级差异提供不同标准的公共服务，从而细化并延长了社会分层。因为此时公共服务的分配权取决于它所代表的社会利益而非投资资本的利润，这是一种非竞争性的分配，依据的是社会地位和权力。可见，卡斯特的集体消费方式是对资本主义市场经济发展的一种改良。只有当资本被国家所掌控，取之于民并用之于民，为广大普通人民群众谋利益之时，资本才能跳出经济局限性，获得社会性和公益性。

因此，资本空间绝不是价值无关的，相反，特定的资本空间必然表达着特定的意志，这些意志隐藏在普通民众的生活日常空间中，常被粉饰成"文明"而备受人们推崇。这并不是因为资本家与政治家的伪装非常高明，而是因为资本空间在事实上确实给人们带来了自由感、愉悦感，即便这种快感是转瞬即逝的，人们也无法将其"戒除"。因为，在此过程中，我们确实满足了自己的部分真实需求。归根结底，资本空间并非人类生活的大敌，它是人们走向解放的必经阵痛过程。我们应当时刻关注在消费文化建筑的规训之下，自己是否已经形成了超前消费、过度消费的习惯。在此，我们需秉持断舍离的心态，重回真实需求，斩断虚假欲望，常怀初心。

自由阐述

边尚泽：从本质上讲，全景敞视建筑是应然的。空间权力应该对空间权利有规训以及监管作用，它们之间存在一种伦理联系。在我看来，事物的原因和结果之间有一种共生关系，而这种共生关系之所以能够存在，是因为它们之间有一种伦理上的连接，这种连接就像母亲和孩子之间的道德关系，有了连接他们就可以共生共荣。马克思讲到异化问题，异化反而使劳动者跟他的产品之间没有伦理联系，只有单纯的经济联系。在这种情况下，当事物的原因和事物的结果之间没有伦理的关系，这两个事物就可以自由发展，自由发展的结果就是异化，即事情的起因和结果相互对立。回到空间权力和空间权利的角度，商场可以对消费者有各种各样的规训，但前提是要有伦理上的连接。有了伦理上的连接之后，商场就可以规训消费者。如果不具有伦理连接，那么这个权力是没有理由的。

曹琳琳：我比较疑惑的是你提到的伦理连接。你认为有了伦理连接之后，被连接的两者就会互相促进成长。这个伦理连接到底是指什么呢？

边尚泽：是为了能更好地举例说明而假设的一个关系。

曹琳琳：费孝通先生曾经提到过四个权力，第一个是横暴权力，即上者对下者直接下达命令的权力，也就是君王对臣子的权力。第二个权力是教化权力，即母亲对孩子的教化权力。这种教化权力并不是完全不可以违背的，而是允许彼此之间进行沟通。第三个权力是时势权力，即谁能够为大家谋取利益，或者带来更好的东西，我们就听命于他。第四个权力是同意权力，即指在社会分工协作下，成员之间必须自觉接受规则的约束，允许公共权力对自己进行制约。你说的伦理连接是伦理关系当中的一个环节，这种伦理关系肯定是教化权力，而不是横暴权力。

刘壮：在马克思主义的研究中，关于空间问题最具代表性的文本是恩格斯的《论住宅问题》和马克思的《资本论》。"住宅短缺"是恩格斯当时直面的现实问题，他立足于无产阶级的居住情况，批判当时以蒲鲁东为代表的小资产阶级的改良思想。学术界以前注重以时间为线索的"资本原始积累",但是随着后来学者的解读视域逐渐宽广,人们开始转向对空间问题的研究。代表人物就是当代著名英国研究学者大卫·哈维。另外,我还想谈论一下关于权力的问题。权力有很多范式,但在我的印象中,典型的权力观有三种:第一,宏观权力。马克思所讲的就属于宏观权力。第二,微观权力。福柯更关注社会边缘群体,比如疯子、监狱的囚犯、不正常的人、非理性的人。他眼中的权力是微观权力,像毛细血管一样渗透到社会的各个角落,如监狱、学校、工厂等。第三,马克斯·韦伯所说的强者对弱者支配的权力。在冲突条件下,权力是不顾他人意志而实现自己目标的能力,包括在开始阶段就阻止他人反抗的能力。

范向前:对于公共空间权力和个人隐私权利之间的关系,人们经常产生争论。每个人的生活和生产活动都离不开公共空间权力和个人隐私权利。我认为这个问题可以转换为私人空间和公共空间的关系的问题。人们要想生存,首先要具备私人空间和个人权利。私人空间具有特殊性,它要求脱离一定的社会空间和社会权力,保持自身的相对独立性,这就是我所理解的私人空间。私人空间对于个人来说非常重要,它是隐私权以及个人身份权利的保障。同时,人们为了更好地生活,也需要参与到社会的公共环境和公共空间中去。在我看来,私人空间在逻辑上优先于公共空间。只有保证私人空间的存在,公共空间才有存在的可能性。每个人都生活在社会关系中,都在公共生活中更好地从事自己的活动,并维系良好的社会秩序。公共空间存在的必要性就在于个人力量是有限的,个人不能独立地解决所有问题,所以每个人都需要在公共空间中生存和生活。公共空间需要更多主体的共同参与,主体进入到公共空间后,必然要遵守公共空间的规则,受到公共权力的制约。这时,我们不能模糊公共空间和私人空间之间的界限,将私人隐私权置于公共空间之上，以此造成混乱。公共空间权力的施展和保障，显然是为了每个人的生命健康和安全着想。因此，在我看来，私人空间和公共空间之间的逻辑是不矛盾的。

边尚泽：我这里想补充一下。我认为一个权力是否能够实行，和你是否维护它无关，而跟你是否与它有某种伦理关系有关。如果不具有这种伦理关系，即使有理也得不到充分说明。

陈佳庆：吴先伍老师在一篇文章中说，中西方的哲学是有差异的，这种差异体现在解决问题的思维方式上。面对不断变化的世界，西方人选择向上攀登，超脱于变化的世界，寻找永恒和不变的净土。相反，中国人则更注重伦理关系，讲究在变动的世界中通过伦理关系结成一张网。我们通过结成的人际关系网来应对各种各样可能的变化。我认为，不同的人和不同的实践活动可以结成不同的网，这些网就是一个个具体的现实空间，它们有着各自不同的功能。为什么空间具有伦理性？如果把空间定义为人们实践活动的场所，那么实践活动就需要伦理规范去调节，人和人之间的关系也需要伦理规范去调节，因此空间就有了伦理性。这里值得注意的是，我们要平衡好空间权力和空间权利的关系，尤其在疫情防控期间，人的自由问题引起了更多的关注。什么是真正的自由呢？根据对于康德观点的理解，只有道德的人才是自由的，只有当每个人的行为不伤害其他人自由的时候，这样的行为才被认为是自由的。

吕雯瑜：胡大平老师在《通向伦理的空间》一文中曾指出，自先秦至清，中国的传统建筑一直都有规格和制式方面的等级要求。空间等级与身份地位相对应，这是基于象征的古代伦理的仪规。我们不能将这种仪规简单视为封建社会中的政治不平等，其中还蕴含着先秦以来社会生活秩序安排的礼治性质，体现了一种伦理的追求。同时，空间秩序在中国古代一直都是一种教化手段。胡老师还指出，建筑和城市都不是物，而是人际关系。在人居之外设想某种抽象的美学、把单体建筑孤立于环境、把城市作为脱离人的孤立艺术品，都是道德冷漠和审美扭曲的表现。基于胡老师的观点，我认为城市建筑有着自己的设计理念，设计理念渗透了消费文化，包括社会心理和社会行为。消费文化背景下产生的建筑也有着自己的特征，它能够让大家感觉到感官上的愉悦，让人感受到艺术的魅力。在我看来，我们在追求利益至上时，也应该考虑建筑作为独特艺术的自身需求，关注建筑的设计理念和建筑文化。

曹琳琳：你提到中国古代建筑的等级特点。前两天，我们那里新开了一个楼盘，这个楼盘完全按照古代的权力级别进行排列，有属于仆役的房子，有属于达官贵人的房子。

王露璐：事实上，小区核心的位置是楼王，这个位置是人们对嘈杂度、便利度等因素测量之后，选取的最好位置。这个房子不仅体现出价格的昂贵，也体现出人的身份和地位的尊贵。

曹琳琳：大家都知道哪一栋楼是最贵的，资本空间也类似于这种理念，空间既要符合人性，又要符合风水，最终目的是价格能够卖得更高。

张晨：关于空间的问题，有很多研究的进路，空间伦理学并不是将伦理学方法论和空间问题进行简单或机械的嫁接，我们在思考空间伦理时不能思维固化，脱离实际语境。实际上，空间伦理推崇的是以伦理性的视角和伦理性的意识来反观各类空间问题。有学者指出，空间伦理应涵盖以下三个方面的研究内容：第一，空间自身的伦理特性。第二，空间承载的伦理表征。日常生活中，"空间"常常呈现为一种"场域"，承载着人类的各种日常活动。第三，空间问题的伦理情境。在人类社会的发展历史中，各种现实的空间问题不断出现，如自然空间的开发与利用、城市空间的规划与冲突等。总之，人的任何伦理性的行为和实践都必须在特定的空间中展开。比如，在电视剧《梦华录》中，宋朝的城市空间划分是街巷制，街巷空间被划分为茶汤巷、车马巷等等，不同的空间中进行着不同的活动，由此对应着不同的行为规范。着眼当下，随着社会的发展，人们对古建筑空间的认识发生了改变，越发认识到古建筑空间蕴含的文化价值和伦理意义。比如，在我的家乡郑州，有很多古建筑遗址。但是，由于城市建设规划和发展的需要，绝大多数古建筑遗址并没有被完整地保留下来。而现在，在政府政策和空间伦理研究的引导下，人们逐渐意识到遗址所蕴含的传统文化的价值和伦理意义，认识到守护古建筑空间就是延续传统文化的血脉。人们对于古建筑空间态度的变化，实际体现出空间伦理对于人们行为方式和思想观念的改变。

盛丹丹：不同的空间会对权利有不同的限制，空间权力是从上到下层级监视的空间。如何对空间权力进行限制？从上到下的层级空间结构会对权力进行递增或递减的限制。以现代商场为例，"资本空间"在演化中逐步占据"人的空间"，并对"人的空间"加以限制和束缚。人逐渐被资本空间驯化和奴役，本该属于人的空间权力也逐渐被异化。在此限制下，不同空间结构的二次建构为相应场域的主体带来了不同的感受，这种感受或是愉悦，或是压迫。在全景敞视建筑中，人们会在层级监视空间的影响下及时审视，并进一步规范自我的行为，这是由外而内强制进行自我伦理规约的过程。由此可见，道德规范和道德价值在具体的道德实践过程中会受到空间特性的制约。但是，全景敞视建筑尚未实现全面覆盖，而且由外而内强制进行自我伦理规约并非每个权力主体都能够实行。在由应然到实然的转化过程中，普遍伦理规范与各异的空间带来的道德多样性，还需要道德行动力不断发挥作用才能够形成。

王露璐：这其实就是一种思路的转换，即在有监控、有戒备、有人管理的地方，是否还会有冲突产生。

曹琳琳：从严格意义上讲是不可以的，万一有人就是想去报仇呢？我认为这个和空间权力的关联不是很大，而是与个人意志、自律性或者个人想法有关。

王露璐：它跟空间也有一定关系，我们认为烧烤店或者夜宵店是让人特别放松的、不容易被约束的地方，所以大家就容易产生冲突。反过来说，监狱的空间给人一种畏惧感和紧张感。但是，我们也听过监狱里发生打架事件。那么，是不是有畏惧感的地方，这种行为就会受到约束？从空间的角度思考这个问题可能会更好。

曹琳琳：从这个角度上看是可以解释的。畏惧感是因为你不认识它，不理解它，不熟悉它。当你在这个监狱混了一段时间，有熟悉的警察，熟悉的同伴，这就是属于你的空间，就变成类似烧烤店一样让人熟悉和放松的地方，那种畏惧感也就消失了。

潘逸：我想就物理空间与网络这种非物理空间的区别作一些讨论。马克思曾说："人的本质不是单个人所固有的抽象物，在其现实性上，它是一切社会关系的总和。"[1]这一点似乎在物理空间中更为明显。与非物理空间相比，在物理空间获取信息的方式更加有限，物理空间中的社会关系是以血缘关系、工作关系、邻里关系为纽带，几乎不可能存在虚拟的身份认定。而随着网络技术的不断发展，在网络这一非物理空间之中，社会关系的重要组成部分是"网友"，网民仅仅因为观念相同就有可能瞬间大量聚集，从而形成网

----

[1]　《马克思恩格斯文集》第1卷，中共中央马克思恩格斯列宁斯大林著作编译局编译，北京：人民出版社2009年版，第501页。

络社群。可以明显看出，在网络社群这一非物理空间中，人们多以虚拟身份进行交流。在这种情况下，网民更加追求情感共鸣与价值认同。同时，由于非物理空间中存在身份认定困难，一部分网民的情绪发泄欲望会盖过理性的参与，从而导致网络暴力，催生网络谣言。我们现在常说的"反转"一词，很大程度上就是由于非物理空间很难认定到个人，导致真相被裹挟。而一旦这种情况频发，网络信息真假难辨，就会引发社会信任危机。网络暴力如果不断发酵，也会导致人人自危。其实非物理空间既是公共空间的一部分，又是个人空间的一部分。因为，在这种非物理空间和非实名制的情况下，网上发言的账号都是虚拟的，别人无法定位，但是在这种非物理空间内的发言又确实影响着他人。当然，网管部门对此也采取了一定的措施，现在各大社交平台都要陆续推出互联网协议（Internet Protocol，IP）地址定位功能，从某种意义上来说，这也是对个人在非物理空间的一种约束。

陆玲：在疫情防控的当下，我们该如何处理好空间权力和空间权利之间的关系？空间权力是自上而下的，但空间权利是自下而上的。当生命健康权摆在首位时，我们再去争取自由权、隐私权，两者显然就有了先后次序。资本空间是在资本特定目的指导下形成的空间，现实中的建筑就是按照资本逻辑对消费者产生规训。单从消费文化建筑来说，类似金鹰、万达等综合性商业广场都是为了满足资本的目的。由此可以看出，一方面，资本空间构造了属于自身的消费符号文化，从言语、符号上引导和控制人性；另一方面，从对居民区和商场的划分、商场建筑物的构造到路径的设置等可以看出，一切地域空间的划分均以利润为空间导向。所有这些均已不知不觉成为人们日常生活的一部分，很少有人能意识到自己的消费被控制了，他们认为自己的消费行为是自由决定的。

主讲人 进一步回应

刚刚有同学提到资本空间以及《论住宅问题》。恩格斯在《论住宅问题》里提到帮助工人解决住房问题，即给他安排小的房间。这让我想到我们国家的经济适用房，那么问题解决了吗？没有解决。恩格斯当时面临这个复杂问题时，就已经证明这是没用的。工人在当时的生产结构范围之内，每月的工资只能够维持日常开销。工人的抗风险能力很低，一旦生活发生剧变，他可能还会把买来的房子卖掉以抵抗风险。工人没有保护住宅的能力，房子最终又回到卖房的人或者有钱的人手里。从这个角度上说，虽然我们意识到空间应该以人为目的，但它和我们现有的生产结构相关。一个人的能力也如此，能力越高，地位越强，越能影响其所能够控制的空间范围。当人的地位越高，他拥有的权力就越大。就像上海有些小区有自己的酒店，不需要物业，也不接受外在捐赠，这种权力是专属的。从这样的角度来说，就回到我讲的资本空间的概念。资本空间是一种分级的空间，我们讲的消费也是空间的一部分。我一开始讲到资本空间时，提到大卫·哈维的资本三循环理论，资本能够发挥其积极作用的一个重要原因是它通过空间进一步生产，发挥出更大的作用。简单来说，第一资本的第一循环是在什么地方？就是在我们的生产生活领域里，我们消费工厂生产的东西。当产能过剩之后，过剩的产能会流入第二个循环领域，即流入空间的基础设施，比如我们在前面曾提到的，"一带一路"能够将国内消耗不了的产能及时进行空间转移。我在想，我们现在房价已经平稳很多，而在这之前国内产能过剩，这些钱流入房产，导致房产不断地增值。但是如果房价降低，钱从房产回归到市场，就会导致市场里的鸡鸭鱼肉、水果价格上涨。从这个意义上来说，房价能够起到调控经济秩序的作用。但是，疫情使得很多行业倒闭，这就不能通过房价来调控。另外像深圳这样的地方，即使年薪百万也有可能买不起房子。深圳150平的房子要3000万，也就是一平20万，这样的问题不得不让人们重视。这就进入第二个循环，也就是进入空间当中。当资本进入第三个循环时，这个循环的对象已经不是个人或者企业，而是国家。国家会将钱用于抗疫、教育事业或者医疗建设等公共事业。公立学校，其资金都来源于国家，只凭借学费不可能维持学校的正常运转。相反，私立学校的学费非常高。在第二循环中溢出来的钱通过国家管控，进一步用来缓和阶级矛盾。从这个角度上来说，空间会通过空间性拓展、压缩或者开放，实现资本的流入或流出，以缓和资本带来的生产过剩的矛盾。刚刚有同学提到场域当中的伦理和空间有一定关联性，也正是基于这样的考虑，我关注到了城乡空间当中的伦理问题，或者说是城乡空间的正义问题。也就是说，一个村落的道德观念不一定适用于另一个村落，因为有场域之分。我之前去社区调研，有些社区的道德治理问题很大，人们用微暴力的方式表达对社区治理的不满。相反，有些社区道德治理问题比较小。另外，还有同学提到公共空间和私人空间的问题。我认为这里的公共空间和私人空间和我理解的空间概念不同，这里的空间更加强调公域和私域的概念，也就是场域。比如，在乡村社会，家族就是介乎私域和公域之间的一种领域。当小家庭发生矛盾后，家族的族长或者村长要进行中间协调，那么大家不需要通过公权的方式来解决矛盾，但这个和空间的关系不是很大。

主持人 总结点评

特定的建筑或空间（如传统乡村中的祠堂），蕴含着特定的身份认同和道德教化功能，可以成为共同体成员的集体记忆。这种特殊的空间形式又通过共同的认同和记忆不断强化自身的意义感，从而起到规训作用。说到空间，我们不能否认的是，每一个空间都赋予人们一种意义感。你到商场，自然而然地就会想到购买东西，你到饭店想到的自然是吃饭，而到图书馆则会想到阅读。并且每一种空间都会通过特定的空间设计和形式，来强化其带给人们的意义感。例如，世界著名的"三一图书馆"内，放置了许多著名思想家的雕塑，为进入图书馆的读者营造了一种与先贤对话的氛围，从而让读者觉得读书是一件有意义的事情。在思考空间问题时，有两个方面的问题需要我们加以关注：第一，我们既要接受和尊重某种空间被赋予的常规意义，又要警惕它逐渐异化成主宰我们的最高价值。例如，要警惕在消费文化空间赋予的消费观支配下的消费行为异化。第二，在市场经济条件下，我们既要承认空间不可避免地会受到资本逻辑的影响，但也要警惕空间被资本逻辑彻底控制。应当看到，空间最终应当服从于人的需要，为人的美好生活服务。因此，在空间规划中，我们既要考虑市场对资源配置起到的基础性作用，又不能使资本逻辑成为空间规划的唯一主宰。我们需要注意，市场经济条件下的空间问题需要适当的伦理规约，而不是任由资本逻辑所控制。这也是空间伦理相关研究的重要意义所在。

第十期　努力还是躺平？

——教育资源的分配正义 *

主讲人：朱慧玲

主持人/评议人：王露璐、陶涛

与谈人：张燕、焦金磊、吕雯瑜、侯效星、周成、陈佳庆、
王天呈、刘壮、陆玲、盛丹丹、冒絮、边尚泽

案例引入

2017年暑假，北京市高考文科状元熊轩昂接受媒体采访时的一段话引发热议，他的原话是这样的："农村地区的孩子，越来越难考上好学校，像我这种属于中产阶级家庭的孩子，衣食无忧，而且家长也都是知识分子。我还生在北京这种大城市，所以在教育资源上享受这种得天独厚的条件，是很多外地的孩子或者农村的孩子完全享受不到的，所以这就决定了我在学习的时候确实能比他们走很多捷径。"这位学霸还总结说："现在的状元都是这种，就是家里又好又厉害的，我父母是外交官，从小就给我营造一种很好的家庭氛围，包括对我学习习惯、性格上的培养都是潜移默化的，因为我这每一步的基础都打得比较牢靠，所以最后自然就水到渠成。"①这段访谈视频也瞬间在各大家长群和朋友圈内"刷屏"。

香港科技大学的研究者对于家庭背景在分层过程中的影响展开了详细的

---

* 本文由南京师范大学公共管理学院硕士生刘壮根据录音整理并经主讲人朱慧玲审定。

① 施冰冰、李慧萍、刘宝：《寒门再难出贵子？教育资源均衡发展是关键》，《中国经济导报》2017年7月7日。

分析，分析数据来自"首都大学生成长追踪调查"项目。受访者是在北京读书的2006级和2008级本科生，共4771人。他们的学校被划分为精英大学（北京大学、清华大学和中国人民大学）、其他"211工程"大学（除上述三所）和非"211工程"大学三类。为期五年（2009—2013年）的调查包含了详细的学生家庭情况与入学前后经历。数据本身已经能够体现家庭背景的重要影响，比如，"将近30％精英学校的学生来自中上等及上等经济地位的家庭；其他'211大学'和非'211大学'的相应比例则分别为18.6％和14.6％。与一些学者的观察一致的是，三所精英大学的学生上大学前为农业户籍的，只有16.9％（非农户籍的占83.1％），而其他两类高校相应的比例相差无几，分别为31.8％和31.4％。同样，家庭来自农村或者乡镇的比例，在精英大学的学生中只占19.2％，在'211大学'和非'211大学'的比例则为31.0％和32.8％"①。

上述案例和数据向我们揭示出家庭背景对于教育资源获取的优势作用。高考塑造社会分层之前，家庭背景已经塑造了下一代的社会阶层。由此，我们提出这样一种分配正义理念——优绩主义（meritocracy），即社会中的物质财富和政治权利要根据个体的才能、努力或成就，而非出身、家庭财富和社会阶层来加以分配。也就是说，个人在社会中获得地位上升和经济报酬的机会与数量，与自己的努力和才能直接相关。同时，我希望大家思考以下几个问题：如果优绩主义理念在某些方面是值得肯定的，那我们应该怎么看待优绩的意义？优绩主义又会带来哪些社会问题？

主讲人　深入剖析

1958年，英国社会学家迈克尔·杨（Michael Young）在其著作《优绩主义

---

① 吴晓刚：《中国当代的高等教育、精英形成与社会分层——来自"首都大学生成长追踪调查"的初步发现》，《社会》2016年第3期。

的兴起》（*The Rise of the Meritocracy*）中最早使用了"优绩主义"一词，他以一种幻想的方式描述了2033年实现优绩主义的英国社会，并对优绩主义进行了社会反思。根据优绩主义的核心观念，社会基本利益的分配应当基于"优绩"，即成就、智力、文凭、受教育程度等，人们在机会平等的条件下进行公平竞争，成绩优异者或者有更多功绩的人应该得到更多的分配。很多人将 meritocracy 翻译成中国语境中的"贤能主义"或"精英政治"，但这种翻译是具有一定误导性的。"贤能主义"和"精英政治"更偏向于政治治理和政治体制的构建，在西方文化的概念里，meritocracy 与政治治理有一定的关联，但更多是指经济分配的某种特定立场，而不是某种政治体制。Merit（accomplishment / achievement）= ability + effort（优绩＝才能＋努力），也就是说当一个人发挥了才能并在努力后获得了优绩，才能凭着优绩在分配中获得相应的财富和机会等。优绩主义的分配原则是，根据才能分配工作，根据贡献分配收入。当一个人努力发挥更多的才能获得更多的优绩，才能得到更多的分配，进而获得阶层的提升。阶层的跃升是优绩主义最大的吸引力。

　　优绩主义理念其实内嵌着"应得"观念，即"人们应当获得自己应得的东西"。"优绩主义分配理论包含了应得理论的三要素及其相关性原则，它主张那些拥有天赋并努力工作的人（应得主体），应当基于他们的优绩（应得理由）而获得相应的收入和机会（应得对象）。在这里，优绩是应得的理由，并且是由应得主体创造的，二者具有相关性；同时，这种优绩所带来的是经济分配中的相应收入或机会，具备恰当的相关性。"[1]我们可以举例说明这两个相关性：（1）为什么有人觉得给在抗疫前线的医务人员的子女高考加分不妥呢？因为父母作出相应贡献，但应得主体变成了子女，不满足应得理论的相关性原则；（2）某个运动员获得了奥运会金牌，他可以得到很多奖

---

[1]　朱慧玲：《作为分配正义的优绩主义》，《伦理学研究》2022年第3期。

励或者代言等，这些都是他应得的对象，但是如果说因为他拿了奥运会金牌就让他当国家总统，这就不符合应得理论的相关性。

　　优绩主义作为一种分配正义理论，跟罗尔斯等人的理论有什么区别呢？当我们讲优绩主义是一种应得理论的时候就自然地把它与罗尔斯的理论区分开来了。在罗尔斯看来，在多元主义社会，人们很难就哪些德性或品质值得奖励达成一致意见。如果仅基于某一种观念确立正义原则，就会导致将某些价值观强加给一些人，而没有尊重这些人自己选择和追求美好生活的权利，进而会侵犯他们的自由。因此，分配正义理论不应该依赖道德上的应得观念，于是罗尔斯提出了"合法期望"：只有当我们首先确立了界定社会基本结构的正义原则，才能继而根据这些原则确立人们有资格合法地期望得到什么。这些合法的期望并不取决于他们的内在品质，不涉及道德应得。"可见，'合法期望'是一种后制度的（post-institutional）观念；而'应得'是一种前制度（pre-institutional）的观念，它预设了某些德性、道德品质或行为是应当值得奖励的，在订立制度之前就加以肯定并通过制度来加以保障和实施。由此，以'优绩'为应得基础的优绩主义的分配理念，与罗尔斯的正义理论不同，它一开始就认可人们的某些品质或行为及其所获得的'优绩'，因而在道德上应得相应的收入和机会；它不会排除各种完备性的道德观念和宗教观念，反而认为分配正义理论应当反映出道德上的应得，否则就是不正义。"①以小偷偷东西为例，在罗尔斯那里，小偷受到惩罚的原因是偷东西这一行为侵犯了社会的基本结构，是对他人财产权的侵犯，所以小偷应当得到相应处罚。而优绩主义的观点则是，我们这个社会认定偷东西这种行为本身是一种道德上的错误，从而制定相应的制度或者法律对小偷进行惩罚。除此之外，"合法期望"认为需要排除偶然性因素的影响，人们不应该因为自

① 朱慧玲：《作为分配正义的优绩主义》，《伦理学研究》2022年第3期。

己的偶然性天赋或才能而获得更多的收入和机会，但优绩主义的分配理念并不要求将人们的各种天赋或才能当成偶然性因素排除在外。相反，在它看来，只要人们拥有才能并努力获得优绩，就应得相应的收入和机会。甚至在穆里根（Thomas Mulligan）看来，优绩主义对于天赋和才能的认可反而符合人们的某种直觉。

在这里，我们也必须指出优绩和价值之间的区别。优绩是优绩主义分配正义理论进行分配的依据，其大小可以通过衡量人们作出的贡献来加以判断。人们只要是作出了一定的社会贡献，就应得相应的社会产品作为回报。"优绩"以及"优绩的获得"包含了对品德、优点等道德因素的认可与肯定，但它所包含的道德因素是自由至上主义者们在考虑分配时所拒斥的。哈耶克（Friedrich August von Hayek）曾经专门区分了"优绩"（merit）和"价值"（value），认为优绩涉及一种有关人们应得什么的道德判断，而价值只是衡量消费者愿意为某种商品支付的价格。因此，如果我们认为人们的经济收入能够反映他们的优绩，那就是将收入过于道德化，这样的观念是错误的。优绩主义不追求结果上的平等，而要求形式上的机会平等。因为它根据优绩进行分配，优绩不同，应得也相应有高低。如果将优绩当作唯一的标准来分配收入或职位，就需要并将实现形式上的机会平等：每个人都有机会获得成功，与出身、阶级等因素无关。优绩主义也会造成一个神话，因为优绩主义认为人们只要努力，有相应的才能，就能获得相应的社会地位，但是这忽视了家庭对个体的影响。父母的受教育程度、家庭财富的积累程度、对教育本身的重视程度和投入等都会影响个体能力的获得。优绩主义向我们描述了一个美好的愿景，但在实际的分配过程中，个体能力的获得受到很多现实因素的影响，而且这种影响造成了不可避免的现实后果。第一，大学会成为学生的筛选机器。根据高考成绩进入不同的大学的学生得到的并不是相同的机会，不同层次的大学将学生区分开来。第二，优绩主义与如今的教育理念及教育现状相结合，会形成一种文凭主义。高等教育按照才能对人进行分类，人们愈加推崇才能，优绩主义的理念成为当代高校录取学生的根本价值取向，这必然造成文凭主义的偏见。第三，当优绩主义与精英教育结合、与文凭主义绑定时，它不但不会使人们实现阶层跃升的理想，反而会使精英父母或家庭带来的继承性不平等正当化。第四，优绩主义不但不会促进社会流动性，反而会形成阶层固化，甚至与专家统治相结合从而损害民主。近两年大众媒体对"躺平与内卷"的讨论，根源就在于人们在这种优绩主义激动人心的理念中，很难实现社会地位的真正提升，因此滋生出负面的社会情绪，如美国华尔街运动口号为"社会中99％的财富集中在1％的人手中"。可以看出，优绩主义在分配标准上存在着诸多问题，威胁了优绩主义分配结果的正当性，无法导向公平的、具有激励性的分配结果，因而也难以促进社会的流动。

如果优绩主义造成了这么多的社会问题，那么取消优绩主义理念，也就是不以人们通过努力发挥自己的才能而取得的优绩为标准进行社会财富和权力分配，是不是更好？当然不是，人们付出努力，并期待有所回报，这不仅仅是受优绩主义理念影响的结果，也是人们的某种直觉或合理期待。如果付出了努力、发挥自己的才能，却不能获得相应的回报，反而不符合人们对正义的理解。从古希腊开始，我们就追求卓越性，对具有卓越性的人给予肯定也体现了人性，所以我们给予卓越出众的人更多的收入和财富分配，也符合我们人性中对"圣贤"和"能人"的期待，这也是优绩主义在某方面值得肯定的地方。因此，如果优绩主义理念在某些方面是值得肯定的，那我们接下来需要明确的就是，作为优绩主义赖以分配的基础或标准，优绩的确切所指是什么？在追求平等的社会，如何在分配中平衡卓越性及其带来的差距与平等诉求之间的关系？是当代社会过于看重平等，甚至将平等看作"至上的美德"，从而凸显了优绩主义本身具有的问题，还是优绩主义长久以来发挥作用造成了当代社会的不平等?

自由阐述

边尚泽:我的第一个想法是优绩主义是否应当被我们接受? 我认为,优绩主义可以被接受,但这样的接受必须有一定的限度。举例来讲,A 同学学习不努力,B 同学较为努力且天赋极高,最终 A 考了70分,而 B 考了90分。如果换算为收入,A 的月薪为7000元,B 的月薪为9000元,这样的优绩主义完全可以被接受。但是如果换一种情况,比如 A 月薪7000,而 B 月薪70000,甚至更多。在此类情况下,优绩主义能否为较大的收入分配差异提供一个合理的辩护? 我的第二个想法是,优绩主义本质上已经内含阶级的不平等和分配的差异性,我们能否通过一个类似阶级流动的机制把这种阶级不平等、财富分配不均的不正义现象抹掉? 如果1%的人掌握了99%的财富,那这显然是一个财富分配极为不均,也极为不道德的社会。如果优绩主义能够保障阶级流动,那么我们便可以接受它。但我觉得这种辩护是不成立的,它只是给阶级流动提供可能性,而没有解决阶级不平等问题。它只是在形式上给解决不平等问题留下了余地,但实质上是将矛盾转移,将社会不平等的根源转移到每个个体身上,原先应该由社会承担的责任被归为个人不努力的结果。但是,优绩主义本身并未对改善社会不平等作出任何贡献,甚至还为体制的不平等作辩护,把主要矛盾转变为次要矛盾,从这个角度上讲,我们不能接受它。

刘壮:《精英的傲慢:好的社会该如何定义成功? 》(*The Tyranny of Merit:Can We Find the Common Good ?*) 以美国常青藤名校的招生丑闻为切入

点，桑德尔在书中列举了三种进入大学的方式：前门、侧门和后门。前门是通过考试层层筛选而进入大学，侧门是依靠父辈作为该校的校友而获得一定的额外照顾，后门就是通过贿赂考官、考试作弊等不光彩的手段进入学校。我对"精英的傲慢"的理解是：教育中的优绩至上和文凭主义促使精英产生傲慢情绪，同时也使得失败者感到屈辱，这种对立加剧了整个社会的分裂。近年来美国发生的震惊世界的"国会山事件"，进一步证明优绩主义已经渗透到美国社会，影响到美国的共和主义传统，这是桑德尔对美国社会现实的深刻反思。在这本书中，桑德尔把共和主义追溯到亚里士多德、黑格尔等哲学家，强调一种公共生活和共同的善。同时，桑德尔作为社群主义的代表人物，说明共和主义传统与社群主义理论之间有着异曲同工之妙。另外，我对"好的社会该如何定义成功"中的"成功"有些疑问。桑德尔提出恢复工作尊严这样的号召，但是他对如何定义"成功"这一点并没有作详细阐述，我想借此机会请教各位老师和同学关于这一问题的看法。

周成：诚然，从21世纪以来，中国政府已经出台了一系列促进社会公正的政策。然而，这些政策是否以及多大程度上能够实现公正转型仍不确定。更为重要的是，弱势群体对出台的公正转型政策工具的满意度评价也尚不清晰。事实上，脆弱地区和弱势群体的主观感知和评价至关重要，因为公正转型的目标就是避免他们受到不公正不平等的对待，而对这种不公正和不平等的评判当然有赖于弱势群体的主观感知。遗憾的是，据我们所知，目前学术界尚无类似研究。有鉴于此，对上述问题的回应是必要的，比如以中国已经出台的促进公正转型的典型政策手段为基础，建构一个评价指标体系，分析弱势群体对公正转型政策手段的满意度评价。

陆玲：前几天看到一个话题："明星该不该喊累？"优绩主义主张一个人的财富和地位依据其才干、能力和贡献来决定，明星通过拍电影和拍电视剧获得高薪报酬，并和普通民众之间拉开收入差距，而"院士开豪车"却成为我们议论的焦点。按照优绩主义的观点，我想请教一下老师，如何看待这个问题？我认为，优绩主义承诺人可以依靠功绩和贡献来获得相应的财富和地位，其中存在一个没有阶层固化的预设。在当代社会，不同阶层获得的机会、财富与地位明显不同，除去自己应得的之外，还有可能是继承来的。这种优势使得优绩主义很难为阶层流动作辩护，"越努力越幸运"很大程度上是阶层内部的旗号。努力不可能一定会带来成功，只会带来成功的可能性，我们要为"努力未必取得成功"作好心理准备。但是，不努力只是一种消极的心态。尽管个人努力很难带来阶层的跃升，但至少会使自己变得更好，而不是直接选择"躺平人生"。

冒絮：近期，"小镇做题家"一词被广泛讨论。说实话，对于这样一个标签，我非常有共鸣。我出生在一个高考大省，从小学就开始了漫长的补课、做题生涯。"越努力越幸运""读书是我们普通人改变命运的唯一途径"，种种鸡血类的口号一直充斥我们的教育。在我上大学之前，我从未怀疑过我之前解的每一道题，做的每一份试卷，甚至会为自己比别人多拿几分而感到骄傲和沾沾自喜。然而，当我离开小镇，接触到来自五湖四海的同学们时，我逐渐感受到世界不一样的精彩。即便是脱离体制化的管理，我的脑中还是只剩下标准答案，除了应试能力我一无所有：没有开阔的眼界、没有多彩的经历、没有热爱的领域，更没有富有创造力和批判性的思维。走出小镇的世界，我似乎变得不再那么"纯粹"了，我先前奉为圭臬的那种"多做一套题就能多拿一分"的想法逐渐被现实击碎。我开始反思我和别人的差距到底是什么原因造成的，我发现可能从出生开始，某些不平等就注定存在。即便我的父母已经倾尽全力让我在小镇中享受到优质的教育，但我还是和生活在大城市的同学在教育资源上存在着很大的差距。这种差距不是单纯靠金钱可以填补的，代际遗传将人与人之间的鸿沟不断拉大，资源的不断倾斜加强了阶层的固化。要想实现阶层的跨越，似乎要通过好几代人的努力。于是，很多人自觉或不自觉地被再次洗脑："我们的努力可以让我们的下一代、下下代过上更优质的生活。"我们也心甘情愿地再次踏上这条已经被资本挤占得无比狭窄的小路。可这种努力指向的更优质的生活就一定是好的吗？拥有更多的财富和更高的社会地位应当成为这个社会上所有人奋斗的目标和方向吗？

陈佳庆：优绩主义的陷阱无处不在，例如选秀节目，表面上宣扬的是"越努力越幸运"的价值观，但其实最后哪些人能够出道早已内定，比起个人的业务水平和努力程度，背后有没有资本支持才是真正的决定性因素。再比如说高考，它本身已经足够公平，但是面对同样一张试卷，经济发达且教育实力雄厚的地方往往能教给学生更多的解题技巧，使得他们在高考中能够更快更好地完成试题。而对于其他较落后地区的学生来说，即使他已经努力和优秀到极致，但由于当地老师的水平有限，他学到的东西也有限，最后高考获得的分数可能也就比不上经济发达地区的学生。而且现在名校在各地的招生人数不同，有些地方不仅教育资源丰富，而且高考卷子还相对简单，最后获得的名校招生名额还多，可谓占尽一切优势。但是想要在这些地方上学和高考，很大程度上只取决于你家庭的经济实力，因为家庭富裕的孩子可以自由地选择去更好的地方接受更好的教育，所以他们也就比一般人家的孩子更容易成才。这些不公平的情况是优绩主义看不到的，优绩主义按照努力和才能分配资源，但是富裕家庭的孩子更容易成才，这最终导致富裕的家庭越来越富裕，而贫穷的家庭却很难培育出人才，于是就一直贫穷。长此以往，社会贫富差距会加大，阶层会固化。我认为，优绩主义的部分合理性来自直觉，人们直觉上认为越努力和越有才能的人应该越成功，但这条直觉原则其实和优绩主义原则是不一样的。我们认同这条直觉原则往往是在某些公平的前提之下，但是现实生活中大家的起跑线是不一样的，如果直接按优绩主义去分配，那反而是有问题的。因此，直觉不能作为对于优绩主义合理性的证明。在思考优绩主义陷阱时，我们要注意辨明优绩、成功和分配正义三者的概念，只有这样才能找到问题的解决方案。

盛丹丹：我对优绩主义有两点思考。第一，依据优绩主义理念，社会与经济的奖赏按照努力或成就大小进行分配，只有成就较大的人才能得到较多的报酬，这样会调动起社会其他成员的积极性和创造性，从而促进社会的发展。但是从社会声誉和激励的角度来看，这种情况会给经济发展带来更大的压力，甚至会对经济发展造成不利的影响。然而，仅靠个人努力就能够获得相应的成就吗？例如，在资本主导下的选秀节目中，个人努力难以抵挡一些暗箱操作，从而陷入资本的陷阱。此外，在这种环境中，个人天赋与才能是被全然忽视的，个人自由全面的发展成为不可能。第二，优绩主义对"优绩"的界定是单向度地从经济价值角度进行的，但是从社会整体的角度来看，仅仅从经济的角度来评定贡献大小是有失公允的、片面的。社会评价的单一化和片面化，使得许多人将名利双收作为成功的标准，而那些通过努力获得的平凡生活却不被认为是成功的。当一个人看到与自己相似的人努力也得不到成功时，他就会降低自我效能感，进而降低自己的动机水平，认为即使自己再努力也不会成功。例如，在疫情防控中，那些援助前线的医生、军人和志愿者，他们虽然没有创造出巨大的经济效益，但对社会共同体的进步和发展具有重要的价值。因此，我们应该建立一个更合理的优绩评价体系，以真正实行分配正义。

侯效星：教育作为一项公益事业，应当追求公共利益和公共价值。当下的择校热问题，已然将教育投入变成了一种经济交易行为，有一定经济能力的家长本着不能让孩子输在起跑线的思想，想方设法让孩子挤进重点学校。一些大城市的家长从孩子上幼儿园便考虑择校问题，国家推行的就近入学政策并没有获得理想的效果。本应具有公益性的教育变为稀缺资源，教育产业化的倾向愈发明显。不可否认，这些被送入名校的孩子与贫困家庭的孩子相比整体素质较好，家长对孩子教育的重视程度和关注度也相对较高。好的生源质量加上重点学校各方面的优越条件，使得重点学校的升学率明显高于普通学校。因此，优绩主义面临着很大的挑战。但是，我仍然认为，优绩主义在我们传统的价值理念中有着较高的地位，因为它适用于我们中国的教育理念。我们需要在一定的文化语境当中理解和把握优绩主义，考虑其文化背景的适应性。即使它自身存在一些实践性问题，如运气等不可控因素，但通过政府的宏观调控我们也能营造一个相对公平的努力环境。我质疑优绩主义，不是质疑努力与成功的关系，而是质疑社会的分配问题。人们努力之后没有得到公平的对待，这是社会问题而不是个人态度问题，说到底还是分配问题。基于此，我认为人们不应该怀疑优绩主义的初衷。当然，从现实情况来看，我们无法忽视优绩主义背后存在的矛盾和问题，甚至某些无法改变的客观因素都会阻碍优绩主义的结果。但理论背后有实践的主体，也就是说人们会根据自己的想法践行某种理论，我们是不是更应该思考应当如何预防"这些人"错误运用优绩主义理论的行为？

吕雯瑜：我认为优绩主义有一定的优势，也有一定的弊端。如果说想要弥补这些弊端，我认为可以尝试建立一个多元化的优绩衡量体系。通过这种做法，我们可以避免从单一的经济角度定义成功和伟大。优绩主义会导致一种盲目崇拜。我曾读过一本非常畅销的书——《哈佛女孩刘亦婷》，这本书介绍了中国女孩考上哈佛的成功经验，许多父母也因此将刘亦婷视为榜样。我认为，我们首先要冷静地思考一些成功人士成功的深层次原因，而不是陷入一种盲目崇拜。其次，我们要从社会层面进行反思，避免同质化。夸大个人成功将导致人们注意力分散，从而忽视通过重建公共领域、加强弱势地区的教育来实现更广泛的社会平等。我们已经认识到，优绩主义加深了不同阶层之间的社会鸿沟，撕裂了整个社会。同时，优绩主义制度下的成功者认为，一切成功皆为自己的努力，很难认可社会环境、运气等因素对自己的努力的有利影响。这种骄傲和自满不但让他们无法对失败者和穷人产生同情或施以援手，甚至还会加以鄙夷。在优绩主义的背景下，这已经不再是经济层面的不平等，而且涉及文化层面的不平等。弱势群体可能被进一步边缘化，这样势必会阻碍公共生活的发展。

王天呈：优绩主义认为，基于天赋并且努力工作的人，由于他们的优绩和贡献，应该获得相应的分配。优绩主义让我们重新界定成功，弱化出身、社会阶层或家庭背景等因素。但是，"成功""贡献"等概念的认识模糊，使得优绩主义在实施过程中产生某种"操作空间"，即掌握有关"优绩"内涵和标准的话语权的人可能会通过优绩主义为自己谋求利益，这样会带来新的不公正情况。同时，我认为优绩主义对努力、勤奋的强调会导致一种结果，即人们对天赋、出身祛魅，而对努力、勤奋赋魅。如果将努力视为改变一切、赢得一切的全部，这又是否合理？换言之，个体的努力和勤奋与个体的成功，这两者之间是否存在完全的等同关系？也许在学生时代，我们会认为成绩与个人的努力和勤奋有较大的关联，但是步入社会后，我们不难发现，将个体的成功直接等同于个体的努力与勤奋，其背后真实的目的是使人们自愿地接受剥削。另外，对于优绩主义强调的"精英教育"，我认为我们应该回到教育本身。精英教育是什么？"精英教育"中的"精英"不应当被定义为某种阶层或是某个团体，我们不应该从世俗意义上理解精英教育。精英教育也并非专为某种阶层或是群体服务的，它本身应该指以精英的品格培养人。精英教育应当面向每一个人，促进每个人对精英理念的追求，对自我卓越的追求，使得每个人可以找到自我卓越的可能性。精英教育的目的应该是重新激发人们的自我意识，激活人们内在自我的无限可能性。

焦金磊：在当代社会，"优绩"或者"应得"作为道德问题开始被人们探讨。为什么优绩主义作为分配正义的问题被人们提出来？我认为尽管优绩主义是一种分配原则，但优绩本身不能构成一种独立的道德原则。我的理由如下：第一，罗尔斯认为，我们在确定合作体系的基本原则之前，不存在任何道德原则。"应得"预先假定合作体系的存在，也不会质疑这种合作体系是否一开始就符合差别原则或者某一标准。第二，如果以"应得"本身作为道德原则，也会面临一个可操作性难题，即如何证明回报与应得者的某种相关事实之间具有一致性？我们知道行为、努力、道德和品质都可能影响分配，但我们难以在实际操作中充分鉴定这些条件与这一回报是否相关。基于这些理由，我觉得"应得"能够成为一种价值，但不能成为道德原则或者分配正义原则。此外，我认为，如果教育资源不是一种基本善，那么优绩主义便没有问题。一旦教育资源成为每一个公民的权利，"应得"就是不适用的，此时应该采用罗尔斯的建议来分配这种权利。

张燕：我要坦言我从直觉上是接受优绩主义理念的。通过努力、奋斗去实现自己的人生目标和价值，这是比较正常的一种状态。在我看来，无论是写《精英的傲慢》的桑德尔教授，还是对今天优绩主义提出疑问的慧玲老师，他们都是在优绩主义的背景下成长起来的，并成为杰出的知名学者。一方面，我觉得应当感谢优绩主义让我们有机会知道他们，向他们学习；另一方面，优绩主义体系中的成功者并没有沉迷于自己的成功，反而对优绩主义理念本身提出了重要的批评和质疑，我觉得这是非常优秀的行为。不仅是就学术而言，就个人品质而言，这也是非常难能可贵的。

就优绩主义而言，我个人感觉这个概念在中西方不同的语言环境和传统文化中会有一些不同的理解。西方语境中的 merit 通常指优绩、优秀，这种评判可能更偏重业绩、经济能力方面的成就，并且有一种把美德、品德与之剥离的分析习惯，所以会容易对优绩的人产生傲慢的印象或判断。但在中国的文化背景下，对一个人是否优秀的评判一直都与德性紧密相连，像我们从小接受的教育，德智体美劳全面发展才是"三好学生"，才称得上优秀的人，而这样德智体美劳全面发展的优秀的人在社会分配体系中获得更多的财富分配或者更多的权力分配，是自然而然的，也是比较容易被接受的。

在听完慧玲老师关于优绩主义的讲解之后，我有两个问题想要请教：阶层固化是优绩主义导致的吗？优绩与民主是不相容的吗？

主讲人 问题回应

接下来，我想针对大家的发言作进一步的回应和补充。我需要澄清一点，对优绩主义进行反思并不代表我们就不需要努力，而选择一种"躺平"的人生。桑德尔教授将优绩主义做了两个层面的划分：一是个人层面，二是社会层面。从个人层面讲，个人的努力、发挥自己的才能、追求自身卓越是值得鼓励的，这非常激励人心。从社会层面讲，桑德尔担心对才能和努力的过分强调将促使优绩主义成为社会的一种分配理念。但是，过分重视和强调个人才能和努力，并将其作为社会层面的分配理念，会对整个社会产生负面影响。桑德尔在《金钱不能买什么：金钱与公正的正面交锋》（*What Money Can't Buy：The Moral Limits of Markets*）一书中提到："市场取代排队和其他非市场方式来分配物品的趋势，已遍及现代生活的方方面面，以至于我们几乎不会在意到它。"①可见，桑德尔并不反对市场自由，而是反对这种市

---

① ［美］迈克尔·桑德尔：《金钱不能买什么：金钱与公正的正面交锋》，邓正来译，北京：中信出版社2012年版，第31页。

场交易理念渗透到社会的方方面面。我们思考优绩主义时，要考虑到其他理念，比如平等、正义以及优绩主义与分配正义理论之间的关系。

刚才大家都提到了优绩主义概念本身的理论问题。首先，优绩到底是什么？它的依据是什么？我认为，如果优绩主义要想成为一个更好的分配正义理论，那么首先要解决分配的标准问题，这是其核心所在。如果我们在分配社会财富时仅仅依据个人对经济的贡献，那么这种标准就是单向度的经济量化标准，而单纯注重经济量值与优绩主义的核心理念存在着内在的矛盾。优绩主义其实是一种部分的分配正义理论，它没有涉及政治自由权利框架的界定，没有逃脱自由主义的框架。其次，如何定义成功？我们需要扭转以往对成功的定义，按照对社会公共善的贡献重新理解成功的含义，首先界定社会中的公共目标和各个领域的重要性，然后依据这些标准界定每个人的成功。这种对成功标准的转变会让人们对优绩有更合理的理解，由此确定如何分配会更具有操作性。

为什么教育问题在今天会作为分配正义问题被讨论？主要是因为社会的变化。在传统社会中，阶级之间本就没有过多的流动性，能力在制度中也不占据主要地位，所以教育资源的分配不会成为正义的话题。而在当代社会，能力与教育密切相关，在这种背景下，教育资源的分配就会成为分配正义的话题。对于"阶层固化是优绩主义导致的吗"这一问题，我认为阶层固化当然不是优绩主义造成的，优绩主义的出发点恰恰是为了纠正阶层固化现象，本质上是为了增加阶层的流动性。阶层的流动性不只是从底层向上层的流动，也是从上层向底层的流动。而优绩主义的问题在于没有考虑和纠正既有阶层固化的情况，反而把既有阶层固化或者遗传性的不平等正当化。对于优绩与民主相不相容的问题，我认为，在优绩主义的理想中，基于才能和努力的分配能够促进民主。然而，在现实中，优绩主义难以促进民主。因为根据优绩主义的理念，成功者和社会精英不仅仅会获得巨额财富，还会获得更多的社会职位和机会，因此他们更容易占据社会主导地位并获得公共事务的决策权，穷人和底层民众则更加无从发声。这样一来，普通人与社会精英之间会形成鸿沟，就容易造成专家统治或精英统治，民主政治势必会受到影响。

评议人　总结点评

从分配正义的角度讨论优绩主义是当代政治哲学语境下的特有分析，meritocracy 作为一个复合词，由 merit 和 cracy 组成，是按照优绩去统治的意思。在现代语境中的罗尔斯分配正义的框架下讨论优绩主义是很新颖的观点，所以慧玲老师的研究是前沿性的。优绩主义旨在通过个人的努力打破不正义的现象，它是为了打破阶层固化而诞生的，是为了纠正不正义的现象。对于如何定义优绩，我认为，公式"merit ＝ ability ＋ effort"并不能准确地概括优绩的含义。根据《牛津大辞典》，effort 一词有两个方面的含义：第一层含义是 attempt，即努力，指的是一种持续的动作；第二层含义是 the result of the attempt，即努力的结果。effort 一词既包括了努力，又包括了努力的结果。优绩其实是一个复合概念，是德才兼备，而且在"德""才"之间更偏向于后者。正因如此，优绩作为一种严格且可执行的分配制度是很难确立下来的。在一个社会评价体系中，作为一种分配制度，它不能够很有效地去执行，但是按照贡献的大小（优绩）决定分配的理念确实是值得肯定的。就比如"自由"是很好的概念，但是一提起"自由主义"就会出现阐述或论证上的很多问题。Merit 也是一个很好的理念，但上升到优绩主义也会出现一些问题，因为优绩主义是一种化约论或者还原论的方式，它把社会上的基本益品分配想得过于简单，似乎传递出就应该按照通过个人的努力和才干得到一些益品的方式分配的信号，但是这只是一种理想的分配方式，在具体实践中是行不通的。

　　阶层固化并不是优绩主义的问题，而是自由主义的问题。正是因为优绩主义者们看到了自由主义背景下这样的现象，所以他们提出优绩主义试图打破这样的困境。特权主义者声称自己德才兼备，恰恰是因为他们用特权让其他人的努力得不到回报。因此我想引申提两个问题：第一，个人凭借自己的才能在一个政治社会里面究竟能获得多大成就？个人究竟有没有力量打破既有先天性条件的约束，如环境、家庭、教育资源等？在这个意义上，我觉得"努力就有收获"这样的精神理念一定要内嵌于更加正义的社会制度中才有可能实现。从这点看，优绩主义理论与罗尔斯的正义观点不应该是冲突的，而是要融合起来，将优绩主义内嵌于罗尔斯正义制度的框架中，用优绩主义调节罗尔斯的正义理论。如果没有正义的框架和环境，对优绩主义的宣传只能是虚假的宣传，并不能形成实质性的正义。关于优绩与平等的问题，亚里士多德在《政治学》中分析过贵族制与民主制的矛盾，他认为穷人和富人都在追求正义，只不过追求的正义不一样，富人在追求富人的正义，穷人在追求穷人的正义。优绩和平等也是这样，在不同的立场上它们有不同的态度，但我们所说的优绩和平等已经被政治曲解了，真正美好的优绩和平等是不应该有冲突和矛盾的，我们需要找到一种调和它们的路径或取向。

主讲人及与谈人

　　曹刚，哲学博士，中国人民大学哲学院教授，博士生导师。现任教育部人文社会科学重点研究基地中国人民大学伦理学与道德建设研究中心主任，中国伦理学会副会长，中国伦理学会法律伦理专业委员会名誉主任，中国网络视听节目服务协会网络视听职业道德建设委员会委员，曾任2021年北京市民公共行为文明指数调查分析报告和北京市文明行为促进条例白皮书课题组首席专家。

主要研究领域：法伦理学、应用伦理学、伦理学原理。主持国家社会科学基金项目3项，主持教育部人文社会科学重点研究基地2007重大项目1项，著有专著4部，发表学术论文百余篇。

雷瑞鹏，电子科技大学马克思主义学院教授/博导，科技伦理治理研究中心主任。2019年5月9日在国际顶尖科学期刊 *Nature* 发表国内人文学科领域第一篇政策评论论文 "Reboot Ethics Governance in China"（《重建中国的伦理治理》），提出"科技伦理治理"和"伦理先行"概念，并系统阐述科技伦理治理基本原则，相关概念和原则已被系列中央文件和中共中央办公厅、国务院办公厅《关于加强科技伦理治理的意见》采纳。

主要学术兼职：世界卫生组织新冠肺炎伦理与治理专家工作组成员（2020—）；生命伦理学创始研究机构美国 Hastings 中心研究员（2018—）；亚洲生命伦理学协会副会长（2010—2015）；哈佛大学国际生物医学和健康研究伦理项目研究员（2003—2005）；中国自然辩证法研究会理事兼生命伦理学专委会副主任、秘书长（2018—），科学技术与公共政策专委会副主任（2023—）；中国伦理学会常务理事兼健康伦理专委会副主任（2018—），科技伦理专委会副主任（2021—）；中华医学会医学伦理学专委会理事（2018—）；中国生物工程学会合成生物学分会委员（2018—）；健康医疗大数据国家研究院专家咨询委员会委员（2019—）；中国医药生物技术协会合成生物技术分会常委（2019—）；中国科协联合国咨商科技伦理专委会委员（2023—）；湖北省伦理学会副会长（2021—）；湖北省自然辩证法研究会常务副理事长（2022—）。

主要社会兼职：湖北省科协第九届常委会决策咨询与宣传工作专委会委员（2017—2022）；武汉市医学伦理专家委员会副主任（2018—）；武汉国家生物样本库伦理委员会副主任（2019—）；湖北省医学伦理专家委员会副主任（2022—）。

主要研究方向：生命伦理学、科技伦理学、生命科学哲学。主持2018年度国家重点研发计划项目"合成生物学伦理、政策法规框架研究"、2019年度国家社科基金重大项目"大数据时代生物样本库的哲学研究"、教育部项目1项、国际合作项目4项等。近年来在 *Bioethics*、*Hasting Center Report*、*Issues in Science and Technology*、*Asian Bioethics Review*、《哲学研究》《哲学动态》《世界哲学》《科学学研究》《自然辩证法通讯》《伦理学研究》《自然辩证法研究》《道德与文明》等国内外权威学术期刊发表论文100余篇；译有《勾勒姆医生：如何理解医学》，著有《异种移植：哲学反思与伦理问题》《人类基因组编辑：科学、伦理学与治理》《当代生命伦理学研究》《疑难与前沿：科技伦理问题研究》《中国新兴科技伦理治理研究》等。

张霄，哲学博士，中国人民大学哲学院教授、副院长。中国人民大学伦理学与道德建设研究中心研究员、副主任。中国伦理学会常务理事，北京伦理学会副会长。中央马克思主义理论研究和建设工程《伦理学》教材编写组主要成员，国际期刊 *East Asia Journal of Philosophy* 主编，获第二届中国伦理学"十大杰出青年学者"称号。主持国家社科基金重大项目、国家社科基金重点项目、国家社科基金青年项目等课题10项，在《哲学研究》《马克思主义研究》《教学与研究》《道德与文明》《伦理学研究》《光明日报》上发表论文30余篇，其中多篇被《新华文摘》《中国人民大学复印报刊资料》全文转载。著有专著2部，译有1部，主编国家出版基金项目"新时代马克思主义伦理学丛书"。

朱慧玲，哲学博士，首都师范大学哲学系副教授，哈佛大学哲学系、政府系高级访问学者，哈佛燕京学社合作研究学者，北京市"高创计划"青年拔尖人才。研究方向为伦理学、政治哲学。主持国家社科基金一般项目、青年项目多项。代表译著:《公正:该如何做是好?》《保守主义的精神:从柏克到艾略特》《正义的前沿》等。在《哲学研究》《道德与文明》《哲学动态》等刊物上发表论文数十篇。

　　张燕，哲学博士，南京师范大学公共管理学院教授，硕士生导师，香港中文大学哲学系访问学者，教育部首批课程思政教学名师。兼任中国人民大学伦理学与道德建设中心研究员、江苏省自然辩证法研究会理事、教育部人文社会科学百所重点研究基地中国人民大学伦理学与道德建设研究中心乡村伦理研究所副所长、江苏高校哲学社会科学重点研究基地乡村文化振兴研究中心副主任，被评为南京市"三八红旗手"、南京师范大学"青年拔尖人才"。长期从事生命伦理和乡村伦理等研究，主持国家社科基金一般项目1项、国家社科基金重大项目子课题1项、江苏省社科基金项目1项，在《哲学研究》《哲学动态》《道德与文明》等核心期刊发表论文20余篇，获江苏省哲学社会科学优秀成果三等奖1项、江苏省优秀博士学位论文奖。

　　刘昂，哲学博士，南京师范大学副教授，硕士生导师，兼任中国人民大学伦理学与道德建设研究中心研究员。主要从事乡村伦理研究、大学生思想政治教育，在《道德与文明》《光明日报》等刊物发表学术论文10余篇，主持完成江苏社会科学基金青年项目1项，参与国家社会科学基金重大项目2项。

曹琳琳，哲学博士，常州大学马克思主义学院副教授，硕士生导师。主要从事马克思主义伦理学和城乡空间正义问题的研究。主持国家社科基金青年项目1项，主持完成省社科联和省高校哲学项目各1项，参与国家重大项目3项。以第一作者在《马克思主义与现实》《道德与文明》等期刊发表论文14篇，著有专著1部，参编论著2部，参编教材3部。获得省级微课教学比赛一等奖1项、省高校思政课教学展示活动二等奖1项、省研究生教学展示活动优秀奖1项。获得常州市哲学社会科学优秀成果奖二等奖1项。获评常州市青年马克思主义者培养工程优秀教师。

焦金磊，哲学博士，南京农业大学马克思主义学院讲师。主要从事政治哲学、分析哲学等方面的研究，参与国家社科基金重大项目2项，在《道德与文明》《河海大学学报》等刊物发表论文4篇。

吕雯瑜，南京师范大学公共管理学院博士研究生。

侯效星，南京师范大学公共管理学院博士研究生。

与谈人

王露璐　南京师范大学公共管理学院教授

陶　涛　南京师范大学公共管理学院教授

黄伟韬　中南大学马克思主义学院讲师

吕甜甜　宿迁学院马克思主义学院讲师

樊一锐　厦门大学哲学系博士生

王　璐　南京师范大学公共管理学院博士生

史文娟　南京师范大学公共管理学院博士生

朱晓彤　南京师范大学马克思主义学院博士生

武　强　南京师范大学公共管理学院博士生

周　成　南京师范大学公共管理学院博士生

王席席　南京师范大学公共管理学院博士生

张　萌　南京师范大学公共管理学院硕士生

金志校　南京师范大学公共管理学院硕士生

范佳美　南京师范大学公共管理学院硕士生

陈　宇　南京师范大学公共管理学院硕士生

陈佳庆　南京师范大学公共管理学院硕士生

沈琪章　南京师范大学公共管理学院硕士生

王天呈　南京师范大学公共管理学院硕士生

陆　玲　南京师范大学公共管理学院硕士生

范向前　南京师范大学公共管理学院硕士生

张　晨　南京师范大学公共管理学院硕士生

刘　壮　南京师范大学公共管理学院硕士生

陈静怡　南京师范大学公共管理学院硕士生

王　倩　南京师范大学公共管理学院硕士生

盛丹丹　南京师范大学公共管理学院硕士生

潘　逸　南京师范大学公共管理学院硕士生

冒　絮　南京师范大学公共管理学院硕士生

徐　乾　南京师范大学马克思主义学院硕士生

赵子涵　南京师范大学公共管理学院本科生

边尚泽　南京师范大学计算机与电子信息学院本科生

杜明钰　南京师范大学新闻与传播学院本科生

张　政　贵州民族大学社会学院本科生

后　记

本书是《应用伦理学前沿问题工作坊·第2辑》。在撰写这篇后记之时，第1辑已正式出版，"工作坊"第三季正在进行中。

起初，我只是想以"应用伦理学前沿问题研究"这门博士生课程为平台，尝试探索一种新的博士生课程教学模式。对于这一探索过程最简洁而精确的概括，大概就是"有意思"这三个字了。也是出于这个原因，在工作坊结束后，我产生了将其呈现并分享的想法。让我意外而又惊喜的是，众多师友在看到正式出版的第1辑后，用不同方式给予了肯定和鼓励，而其中用得最多的一个词也是——"有意思"。于我而言，这三个字既是初心，亦是目标，能够达成，可以算是最好的回报了。

感谢"工作坊"第二季的所有主讲人和与谈人，也感谢这一季"打满全场"的我自己。我记得每一个周二晚上"火花四溅"后的满足和愉悦，记得曹刚老师欣然接受邀请"重磅"开坊却被我"温柔而坚定"地拒绝原题后被迫修改的无奈，记得雷瑞鹏老师关于辅助生殖技术的话题和大家共同创造了工作坊时长接近四小时的历史记录，记得张霄老师被迷弟与谈人称赞"听君一席话，胜读十年书"时隔着屏幕都能感受到的嘚瑟，记得线上的慧玲在家中被猫抢镜时中断主讲去投喂的小插曲，还记得校园疫情管控时大家依然聊得很"嗨"以至于南区小伙伴们误了最后一班摆渡车……这些美好而特殊的时刻，构成了我们2022年的共同记忆，我愿意在此记录并存留，也愿意再次分享给"工作坊"和《工作坊》的所有参与者、阅读者。

感谢南师伦理学创始人王小锡教授的鼓励和支持，感谢中国人民大学曹刚教授和张霄教授、华中科技大学雷瑞鹏教授、首都师范大学朱慧玲副教授，虽然他们因疫情无法到达现场，却依然用精彩的线上主讲吸引并调动了所有线上或现场的与谈人，为这季工作坊贡献了高质量的学术思想和对话。特别感谢张燕教授、陶涛教授和江苏人民出版社学术图书出版中心金书羽主任为"工作坊"和《工作坊》付出的辛苦。尽管这是一件"有意思"的事，但是，每一期的主题策划、主讲人和与谈人的确定、海报的制作、回顾和预告的推送；出版前文字的分工、整理和修改；出版过程中的对接、完善、校对……这些琐碎杂乱的工作，有时并不那么"有意思"，甚至还会有各种"小烦恼"。是他们和几位学生助手的努力和付出，才让我有信心把这件"有意思"的事坚持下去。

春天该很好，你若总在场。期待每一个春天，我们和"工作坊"，都在场！

王露璐

2023年春于南师茶苑